女人如何说，
男人才爱听

苏瑾 著

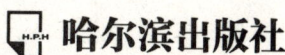

图书在版编目(CIP)数据

女人如何说，男人才爱听 / 苏瑾著. —哈尔滨：哈尔滨出版社，2023.4
ISBN 978-7-5484-6987-2

I. ①女… II. ①苏… III. ①性别差异心理学—通俗读物 IV. ①B844-49

中国版本图书馆 CIP 数据核字（2022）第242399号

书　　名：女人如何说，男人才爱听
NVREN RUHE SHUO，NANREN CAI AITING
作　　者：苏　瑾 著
责任编辑：尉晓敏　李维娜
版式设计：张文艺
封面设计：末末美书
出版发行：哈尔滨出版社（Harbin Publishing House）
社　　址：哈尔滨市香坊区泰山路82-9号　邮编：150090
经　　销：全国新华书店
印　　刷：三河市兴达印务有限公司
网　　址：www.hrbcbs.com
E-mail：hrbcbs@yeah.net
编辑版权热线：(0451)87900271　87900272
销售热线：(0451)87900202　87900203
开　　本：710mm×1000mm　1/16　印张：14　字数：187千字
版　　次：2023年4月第1版
印　　次：2023年4月第1次印刷
书　　号：ISBN 978-7-5484-6987-2
定　　价：49.00元

凡购本社图书发现印装错误，请与本社印制部联系调换。服务热线：(0451)87900279

前　言

会说话，才是好甜心

尼采说："想和女人约会吗，请拿好你手中的鞭子。"

我说："想让男人乖乖地听你的话吗？请注意你的语言、语气。"

任何一个打算结婚的女人，都梦想上天能赐予自己这样一个男人：在家里好好表现，某种程度上还能乖乖听话。和这样的男人过活才活得滋润。

只是，男人表现好不好，全在于女人会不会说。如果你是个不会说话的女人，即使你的男人天资再好，也会被你逼得造反。如果你是个会说话的女人，即使你的男人生性顽劣，也会变得为你所用。

不信是吧？那我给你回放两段家庭情景悲喜剧：

情景介绍：老婆下班回来，见老公在家做饭，只做了一道红烧排骨，没有青菜，妻子不满意。但同样是不满意，请看会说话和不会说话的区别。

家庭情景喜剧

老公：老婆，我今天做的红烧排骨好吃吗？

老婆：亲爱的，好吃极了，如果你能再搭配点青菜，那你就是国宴高手啦！

老公：老婆，那我现在就去做。

结局：老婆甜蜜地等待，老公在厨房开心地忙活。

家庭情景悲剧

老公：老婆，我今天做的红烧排骨好吃吗？

老婆：没别的菜了？

老公：没了。

老婆：你就不会做个青菜搭配着吃？排骨多腻啊，光知道吃肉，俗人！

老公：我一直就是俗人，你当初看不见呀？非得找我啊？

结局：老婆和老公气得饭都没吃成。

假如把家庭比喻成一个公司，女人渴望的布局无疑是这样的：我们是老板，男人是员工。员工要听老板的，我主沉浮。

可是，没有任何一个老板对员工是百分之百满意的，他们有的做饭不大懂得营养搭配；把家里的卫生搞乱并且不大懂得主动收拾；洗碗洗不大干净；衣服不知道分类晾晒并且烫熨；用过的东西没有放回原处；买礼物不知道货比三家买得又贵又不好；忘记各种纪念日进而缺少浪漫的表示……

这种情况下，老板们的感受惊人的相似：不满，生气，怨恨。当大部分女人在婚姻中感受到绝望的时候，根据性格的不同，又可以分为唉声叹气的怨妇型和河东狮吼的悍妇型两种。

怨妇型：没日没夜无休无止地抱怨，尽管这种抱怨无效，但她们乐此不疲。其结果是女人越抱怨，男人越反叛——关系不和。

悍妇型：像母亲训孩子一样对男人大声呵斥，出言不逊，恶言相加，甚至付诸拳脚。其结果是女人越疯狂，男人越张狂——两败俱伤。

这两种表现类型都不好。我们都知道，一个总被老板挑错的员工会因感到前途无望而辞职；同样，一个总是被老婆批评、抱怨的老公会因自尊心受伤、感情受挫而失望难过。没有人愿意整天被人指责，特别是自己最亲密的人。

所以，原本鲜活的爱情不在抱怨中枯死，就在叫嚣中暴毙。

当长期坚持上面两种行为并不见效时，怨妇和悍妇又统一到同一条路线来：保持沉默，拒绝沟通。

可是这样也不妥。美国步兵手册中有这样一句名言：当你把掩体修得固若金汤时，同样你也攻不出去，要得到战果必须冒险。婚恋生活中，男女博弈也是这个道理。女人一方面想得到男人的爱，另一方面又把自己防卫得滴水不漏。对不起，男人没有恋物癖。

那么，我们该怎么办呢？

请记住：要男人听话，首先要学会说话。在平时的生活中，你不能耍性子，要动脑子，最重要的是管理好自己的嘴巴。

聪明的女人总是能用恰当的表达方式，通过中听的语言，时刻调动起男人保持建设婚姻的主动性。

作为女人，也许你没有骄人的容貌，也许你没有惊人的才华，也许你也没有足够的幸运猎到如意郎君，但你不必为此耿耿于怀。你完全可以通过心与口的修炼，用嘴巴来改变命运。

本书结合男女两性不同的心理和性格特点，为女性诠释科学合理的说话技巧、说话态度、说话语气。通过生动的故事、透彻的分析，呈现给大家最直观的幸福样本，为女性读者提供最切实有效的帮助。

也许十分钟，胜过十年功。

目录

上 篇

> 男人的心理都"变态",婚姻的真相很雷人
> ——女人开口前必须扫清的认知障碍

第一章
接受男人的"变态"心理,才能解开沟通的死结

怜香惜玉心理 002
国王心理 005
抢食心理 008
面子大过天心理 010
"戴高乐"心理 013

第二章
顺应婚姻的肌肤纹理,才能用对粉饰太平的手法

从现在开始,放弃关于婚姻的"俺娘说" 015
婚姻不是"黑社会",是个摸奖箱 018

婚姻是双鞋一点不假，但脚和鞋永远拧巴 021
一是一，一加一才有可能等于二 024
男女不平等婚姻才能美满 027
婚姻不怕目的不纯，就怕目的不明 029
绚烂的爱情终将"沉沦"为亲情 033
所有人的婚姻都是 61 分 035
婚姻拒绝完美主义 037

第三章
男女情爱沟通思维之"大不同"

思维方式不同：男人想好再说，女人不想就说 041
沟通目的不同：男人没事不说，女人想说就说 044
价值观念不同：男人习惯掌控，女人喜欢聆听 046
内心诉求不同：男人渴望理解，女人渴望爱 049
沟通方式不同：男人靠"说"，女人靠"感" 051
解压方式不同：女人喜欢倾诉，男人喜欢发呆 054

中 篇

> 会说话才是好女人，永远不会"被伤心"
> ——男女沟通有禁令，聪明女人不会踩线

第四章
恋爱时，会说话的女人是超级小甜心

不要逼问他的情史 060
不要随意晾晒你的"私情" 062
别说"我以前的男朋友比你对我好多了" 064
不要把"孔方兄"挂在嘴上 066
是你追的我，又不是我追的你 069
你以前对我比现在好多了 071
别把分手当润唇膏使用，男人不是吓大的 074

第五章
婚姻中，会说话的女人永远不会失婚

沟通不畅是最具毁灭性的婚姻冷暴力 077
夫妻说话定律：谁说得越多，谁的话越没分量 079

永远不直说他"娘家人"的坏话 082
不要以妈妈式的口吻和他说话 084
不要拿他和别人家的男人比 087
陆小曼是个反面教材 090
不要总是对他说"我容易吗我" 093
可怕的"民政局门口见" 096
别等到男人失去耐心的时候才想起来"维和" 098
温柔地把男人引入你的"包围圈" 100

第六章

吵架时，会吵架的女人让男人越爱越深

请注意：吵架也是一种沟通 103
吵架和炒菜一样，要把握火候 106
夫妻吵架要避开的"危情时刻" 109
吵架时千万不能说的话 111
秒杀恶吵：家是讲爱的地方，不是讲理的地方 114
妥协不可耻，死硬才"悲催" 116
适可而止，别让争吵升级为战争 118
用温柔淹死那头咆哮的狮子 121

第七章

女人幸福定律：唠叨没了，幸福来了

女人天生是话痨 124
唠叨是婚姻的大敌 127
男人为什么惧唠叨 129
请牢记唠叨的"破唱片效果" 132
掌握唠叨的艺术，唠叨女变成"解语花" 134
给唠叨找个合适的"第三者" 137

下　篇

> 我知女人心，沟通疑难杂症急诊室
> ——只有不会说话的女人，没有经营不下去的婚姻

第八章

婆婆来了，你该乖乖地说

婆媳可能是天敌 142
"妈妈"两个字是婚姻的"创可贴" 144

和婆婆说话，怕直不怕弯 146
"哄"出来的好婆婆 150
用撒娇的方式公然忤逆她 152
处处请教，"弱弱地"赢定她 154
婆婆面前媳妇不能做的和不能说的 157

第九章
"第三者"驾到，你该得体地说

愚蠢大多是在手脚或舌头转得比大脑还快的时候产生的 160
淡定地告诉全世界：我们过得挺好的 162
咱们拥有的矛盾，多年后你保证和她没有吗 164
假如你能比我做得更好，我愿意把"白宫"让给你 167
脚比鞋重要，当鞋确实伤害了脚，我们不妨赤脚赶路 170
我不介意你去了哪里，你回来了就好 173

第十章
对于"顽固派老公"，你得狡猾地说

如何引导婴儿型老公生活自理 176
如何帮助恋母型老公解"结" 179
如何和脾气坏的老公沟通 181
如何让兴趣不同的老公合你口味 184

如何启发闷葫芦老公变得嘴勤 186
如何说服工作狂老公爱家爱生活 189

第十一章
孩子的问题上，你得客观地说

每个女人生命中都有两个难缠的"孩子" 193
两个"孩子"之间会争风吃醋 195
不要在孩子面前说"爸爸不好" 197
别因为育儿方式的差异分道扬镳 200
千万不要说：他和你家的人一样 202
不要"红了樱桃，黄了芭蕉" 204

上 篇

男人的心理都"变态",婚姻的真相很雷人
—— 女人开口前必须扫清的认知障碍

第一章

接受男人的"变态"心理，才能解开沟通的死结

怜香惜玉心理

短暂的爱情或许可以是这样的：女孩飞扬跋扈，男孩唯命是从。

但长久的婚姻必定是这样的：女人如花似玉（可以没有花的娇美，但一定要有花的娇态；可以没有玉的品相，但一定得有玉的娇贵），男人怜香惜玉。

怜香惜玉，是男女关系和谐的命门。男人若不怜香惜玉，必定留不住女人；而女人若勾不起男人怜香惜玉的本能，那她的婚姻生活必将乏味又劳累，这个女人也就是典型的劳碌命。据我多年观察，很多婚姻中的女人整天抱怨活得憋屈，男人不疼婆婆不爱，大都是自找苦吃。其原因在于她们平时表现得过于硬朗，根本不注意勾起男人的爱怜之心，根本就没有给老公怜香惜玉的机会。

接到大学同窗好友莎莎的哭诉电话，是我怎么也没想到的事，当年我们都看好她和阿东的金玉良缘。莎莎不仅漂亮、能干，还是招男生喜欢的贤妻良母型小女子。至于阿东呢，是温文尔雅、怜香惜玉的好男人，我们都以为他们的婚姻自然会是甜蜜、幸福的。

婚后，莎莎的确是个贤妻良母，她的工作也比较轻松。阿东创建了一个广告公司，白手起家，工作压力自然是比较大，工作也忙。莎莎心疼他工作忙，理所当然地包揽了家里的"一地鸡毛"，男人女人的事她都一肩挑，包括像擦阳台玻璃、擦洗灯具那样的高危工作她也毫不含糊地勇于承担；不仅心疼老公的身体，也心疼老公的钱赚得不容易，漂亮的时装舍不得买，更舍不得去花那美容、健身的"冤枉"钱，相反，她把阿东包装得很绅士、很养眼。

莎莎做梦都没有想到，自己省吃俭用省出来的钱竟然被"狐狸精"花了去，自己含辛茹苦打理出来的好男人竟然让别的女人享受去了。

当莎莎在家里不辞劳苦地爬上爬下拖地擦玻璃之时，阿东正和一个年轻的女孩子在咖啡屋里悠闲地喝着咖啡，在时装店高兴地给她掏着腰包。更要命的是，那天，阿东和年轻女孩一起爬山回来，女孩累了，阿东竟然很爷们儿地背起了她！而这一幕恰恰被莎莎的娘家兄弟撞个正着并及时汇报给莎莎。莎莎自然是无法容忍这一切，她一把鼻涕两行泪地控诉老公：当我站在梯子上擦玻璃时你怎么不心疼我？当我拖地拖得直不起腰来时你怎么不给我一个拥抱？

阿东自知理亏，但有一句话他不得不说：我需要你这样做了吗？你给我机会了吗？

莎莎一边向我哭诉这一切，一边愤愤不平地骂老公得了便宜还卖乖。

我说：这不是狡辩，而是事实。

见我的立场如此"反动"，莎莎当即就把电话挂断了。

可这是我的原则和立场，每逢接到诸如此类的求助电话，我总是本着治病救人的原则，有一说一。

婚姻就像一个人，它需要各种各样的器官：必要的经济条件是四肢，真诚的爱情像心脏。男人的怜香惜玉和女人的温柔一起构成婚姻的皮肤，它们能够让对方感受共度的每一个日子的冷暖。

其实，每个男人身上都有当爷们儿的基因，只是那些憨实的"笨"女人不懂得挖掘和利用这一点，反而把这种优质的对自己有利的基因埋没了。她们对家务活大包大揽，主动让男人占便宜，当有一天自己承受不了、忍受不了的时候，才开始找男人算账。这些平日里任劳任怨的女人，实际上根本做不到任劳任怨，真要认命了，倒也罢了。

任何一个女人内心深处都有种小鸟依人的情结，渴望男人的保护，希望有一个坚实的臂膀供她依靠。

所以，作为女人，再怎么贤妻良母，再怎么爱他、心疼他，也要故意留给老公一点怜香惜玉的机会，让他知道你需要他、离不开他，让他骄傲地感受到对你的责任。

一个聪明的、懂得向老公讨爱的女人，平时居家过日子会注意以下事项：

1. 留一点"鸡毛"让他扫

早在上中学的时候，老师就教育我们"一屋不扫，何以扫天下"。虽然男人在外面"扫天下"很累了，但让他扫一点点屋里的"鸡毛"也是应该且必需的。比如某日早晨故意撒娇说想睡会儿懒觉，让他做顿早餐，或者某日晚餐后有意说你今天不想洗碗，他自然就会欣欣然去做的。他会意识到这是对家的责任，他会骄傲地以为这是对你的呵护而更对你怜香惜玉。这自然也是爱情保鲜的小技巧。

2. 喜滋滋地适当花他的钱

有一个笑话说，男人送给情人一个漂亮的钻戒，情人一边幸福地给男人一个香吻，一边心里还嘀咕那颗钻石不够大，是不是个假的；男人送给老婆一个钻戒，老婆一边横眉竖目地骂他浪费钱，一边生气地把钻戒扔到一边。

这个笑话说得虽然有点夸张，但也教会了女人，要学会喜滋滋地适当花男人的钱。比如不定期地去时装店挑选衣服，只要是他认为漂亮得体的，你就幸福得笑成一朵花，随他叫服务员包好就行；节日里他送你一件礼物，你就快乐得像一只小鸟一样拆开礼盒，两眼发光地看着礼物，管它昂贵不昂贵，写满一脸惊喜的表情就好。这样既刺激了他对你的责任，更让他满足了男人怜香惜玉的成就感、自豪感。

3. 把自己当"香"作"玉"

要老公对你怜香惜玉，首先自己要是"香"、是"玉"。如果你整天只知道好饭好茶地照顾他，却不懂得自己才是这个屋子里最抢眼、最吸引他的"香""玉"。

明白这个道理的聪明女人，才不会在婚姻中感到太委屈，才会在爱人前游刃有余，活得美滋滋。

国王心理

分析男人的这种心理，先从男人对车的情愫说起。

穿越历史的茫茫尘沙，向来是女人爱美，男人爱车，多数男人天生有种"汽车情结"，汽车贯穿他们的一生。从幼时起，汽车就闯入了他们的生活。小男孩对汽车玩具爱不释手，喜欢模仿司机、记忆汽车型号和标志。成年后，买车的也同样以男性居多。我认识的男性朋友不少，他们当中没有一个不爱汽车的。有些男人说，汽车是自己生命的一部分；还有些男人说，汽车是第二个"妻子"。

男人对汽车的"爱"，让很多女性不理解甚至嫉妒。在女人眼中，车或许就是四个轱辘加一个方向盘这样简单，而男人为什么如此痴迷？

从社会心理学的角度分析，因为汽车满足了男人的控制欲，控制欲让男人希望操控某个东西，而汽车恰好实现了男人的控制欲，能让人感到自己的能量无限扩展。他可以随心所欲地选择开车时间，想让它怎么走，它就得怎么走。在这个过程中，让人体验到驾驭的快感，王的感觉。

所以，在男人眼里，汽车远非代步工具这么简单。车不仅仅是车，而是野心和梦想的载体，是地位与控制力的象征。可以说，一部行驶的车子是男人的王国，他是王者。手握方向盘，可以享受无限自由，随心所欲，南北东西任我驰骋。飞奔在高速公路上，感受着"轻舟已过万重山"的神速，体验着"春风得意马蹄疾，一日看尽长安花"的快乐，让男人生发出一种雄视千古、横槊云天的英雄气和成就感。

男人的这种王者作风也延伸到生活的方方面面，尤其是在与女人的交往中，他们也希望爱人像车子一样按照自己的意愿运作，也就是我们惯常所抱怨的"大男子主义"。实际上，根本就没有甘拜下风的男人，是个男人都想"称王称霸"。

无论是小情侣的谈情说爱，还是婚后男女的居家过日子，男人骨子里的这种"国王情结"都是咱们女人不可小觑的。如果在平时的交流中，你不注意他们这点内心诉求，你们的婚姻就会问题百出。

我有一个忘年交的大姐，去年刚刚离婚，她有个吃软饭的老公，什么都靠她。用大姐自己的话说，结婚这么多年，连一粒米都没吃过这男人的，而男人连一根烟钱都没有自己挣过，他完全是婚前靠父母婚后靠老婆的那种人。一开始的时候大姐在当地的服装厂上班，靠微薄的工资供养着孩子和老公，后来工厂倒闭，大姐就从练地摊开始，做起了服装生意。再后来到北京发展，现在有了自己的店面，零售和批发都做，日子也越来越红火，老公照旧好吃懒做，不愿意去练摊，自动请求在家里做饭，让老婆和儿子在外面冲锋陷阵。

一开始这哥哥还安于这种"家庭煮夫"的日子，可是三个月没过，他就生了反骨，抱怨自己在家里没地位，说老婆老婆不服，训儿子儿子不听，而且他不愿意在家待着了，时不时想开车出去兜个风、遛个弯。我这姐妹知道创业的艰难，比较节俭，可不会由着他耗油，难免要干涉。结果这哥哥就受不了了，心想：在这个家里，我支配不了人，连辆车子都支配不了？

他心里憋着这股劲，一踩油门去洗浴中心洗浴去了。在那里，他认识了一个卖化妆品的女人，这女人虽然各方面都不如自己老婆优秀，但很会恭维他，说他长得阳刚，穿衣比二十多岁的小伙还潮，身材挺拔云云。而这些话他从老婆嘴里从来没有听到过。就此，他的魂儿被勾走了。

到底是什么，让这个好吃懒做的男人抛弃了衣来伸手饭来张口的舒坦日子，转而去和一个要青春没青春、要财产没财产的妇女过日子？后来我找他好好地探讨过这个问题，他很真诚地告诉我说：老婆不拿他当回事，而"后来人"拿他当个宝，他感觉自己很拽。

哦，明白了，这也就是我所说的"国王"的感觉。

因为在前妻那里拽不起来，物质上虽然富足，但并不舒心。在"后来人"那里他要为生计奔波，但活得舒心。因为国王的自豪感让他亢奋，所以虽苦犹乐！

大姐很受打击，她说自己含辛茹苦几十年，到底还是未能把这男人拾料好。一有机会当"国王"，男人就赴汤蹈火地去了。她自我解嘲地说，这些年都没感觉到他的血性，离婚了，倒是看到了。从这一方面来说，倒也是好事。

所以，无论你的老公是个有担当的大男人，还是个依赖性比较强的大男孩，或者再不幸一点，是个吃软饭的泼赖户，如果你没有把这个男人踹掉的打算，那就要留意他的"国王心理"，时不时地奉承他几句，或者找个机会让他拽一把，让他有种驾驭的快感和腾空而起的满足。可千万别让他生了"反骨"哦。

抢食心理

前不久，我胆大包天地和女同学的老公玩了个恶作剧。

这个女同学是曾睡在我上铺的姐妹儿，曾经像姐姐一样照顾我。几年来，我们一直保持着姐妹一般的情谊，肝胆相照。我容不得任何人欺负她。

那天，她跟我抱怨她老公对她很冷落，行为异常，每天都玩到很晚才回家，把她和孩子扔在家里。老公以前总是叫她"乖乖""宝贝"，现在这些昵称好久都没听到了。她很是苦恼。

我问她有没有发现蛛丝马迹，她说没有，作风上没有问题，只是不那么在意她了而已。

于是我就帮她想了个办法，建议刺激一下他。我开始和暗恋她的那个男同学联络，说我们应该加强联系，成年人了，一年到头总有几天要为自己活，趁着这大好春光，我们一起春游吧。同学们对我这个倡议非常赞同，积极响应，终于我们找了个阳光明媚的日子集体"离家出走"了三天，然后轮流挨家挨户聚餐。等我们聚到这位女同学家的时候，在我的安排下，那个暗恋她的男生一个劲儿地赞美她贤惠、年轻、漂亮。搞得她老公那个紧张啊，那可是可劲儿表现呢，"乖乖"长"乖乖"短地叫个不停。

见效果如此明显，我们吃完走人。事后，女同学及时汇报战果，说老公对她的热度已经恢复到热恋时的火候了，每天都早早回家。每次她接电话的时候，老公都神经高度紧张，企图探听点虚实。

她不解地问我："这是什么道理？"

我跟她说，你每天到幼儿园接送女儿，难道你没有发现，那些在家里不老老实实吃饭的孩子，送进幼儿园后个个都吃得很带劲？还有，明明不太好吃的食物，一旦有另一个小孩和自己抢，自己就忙不迭地恨不能一口吃下去，吃得倍儿香。

同学恍然大悟，说："哦，原来是抢食心理呀。"

这种现象同样也可以用上一节小屁孩的玩具心理来解释。君不见，那些有很多玩具的小孩，以前的玩具玩腻了便随手扔到一边，也许再也不会记得它的存在。这时候妈妈若要把他的旧玩具送人，他会又哭又闹，宁愿玩具蒙尘，也不能看到别的小孩玩自己的玩具。

其实这种现象我在上大学的时候就注意到了，那时候我仔细研究了一下"校花现象"。那些男生们趋之若鹜的校花，并不见得多漂亮，男生们上赶着追，也并不见得是真的为了爱情，很多时候是"贵在参与"。世界上本没有倾国倾城的美人，追的人多了，也就有了美人。

为了验证自己这个大胆的猜测，我找出我们班的一个女生，抓住她的优点对一个男生讲述，我说她并不妖娆，但很性感；她并不漂亮，但很清秀；她眼睛不大，但很有神，有一种雾气，而美丽的女人眼里都是有雾的。最后我总结"她是个像湖水般清澈的女孩"。我分析得头头是道，该男生果真对这个女生展开了攻势，并且每天在宿舍内和室友们描述这个女孩的千般好处。他这一描述不要紧，立刻掀起了一场轰轰烈烈的求爱运动，那些从来不在意这个女生的男生，也都开始正儿八经地研究起这个女生来，对她另眼相看，渐渐萌生了喜欢。

后来，这个女孩的追求者远远超过了我们的班花！

这就是男人的抢食心理，有时候和容貌无关，和年龄无关，而只和他们的好奇、争强好胜有关。是不是有点小"变态"呢？假如有一天，你对感情生活不满意，遭遇老公的冷暴力，也可以巧妙地利用一下男人的"抢食心理"，自己炒自己一把。至于方法嘛，真是应有尽有。你可以故弄玄虚地和网友聊聊天，装模作样地和旧情人通通电话，半真半假地和男同事出去吃吃饭，让自己变成"抢手货"，充分满足咱女人心底最原始的虚荣。

但大多数女人没这么聪明，她们要么是老王卖瓜自卖自夸，要么是无休止地唠叨。这都没用的，前一个举动只会加深男人对你的轻视，后一个举动只会加深男人对你的厌倦。所以，这些傻瓜行为就不要做了，想点好点子吧。

面子大过天心理

前不久，我的一位亲戚终于结束了他那段名存实亡许多年的、极度不堪的婚姻，勇敢地选择了离婚。虽然任何一段婚姻的失败都不是一个人的原因，但总有谁先谁后、谁过错多谁过错少的问题。在这之前，我们全家集体奉劝他离婚很多年了，但他是个对生活特能将就的人，为了孩子，自己忍辱负重多少年。那现在，是什么让他这样一个温吞的男人怒发冲冠，斩钉截铁地对婚姻说不呢？

是面子！

因为孩子的事情，他们发生了口角。女方是个极端能唠叨的女人，在她逼命的唠叨下，他情绪失控，对她动了手（当然，打人是不对的）。这一巴掌算是捅了马蜂窝，她先是在家里大闹，后来平静下来了，他以为没事了，实际上他想错了。她在酝酿一个更复杂、全方位、多角度的宣传计划——从亲戚家再到他的单位，她一路吆喝过去，将他打人的罪状添油加醋地诏告天下。

她过了嘴瘾，气也消了，体验到了报复的快感，但婚姻也被吆喝没了。他坚决离婚，她这时才如梦初醒，遂动员娘家人、亲戚朋友来说和，但都无济于事。用他的话说：我能吃得起苦，但丢不起人！

男人的面子，就是这么重要。虽然面子是个看不见的物件，但它有足够的魔力让男人与之共存亡。在男人的意念里，面子就是尊严，尊严就是生命！这样说或许有点过分，但真的很现实。

中国人谈"男人的面子"就如同欧洲人谈"女士的帽子"，是完全有资格被称作历史悠久的。我不太清楚我们的老祖宗什么时候造出的"面子"这个词。印象中明代赵南星的《笑赞》应该是我见到过的最早提到"面子"问题的古书，行文间不乏王安石、苏东坡等名人的典故，依稀可以从中辨认出所谓"面子"的文化基因。祖祖辈辈受这样的文化基因熏陶，即便是现在，咱们中国男人的最爱仍然不是CEO，而是面子。

因此，对一个男人最彻底的伤害、最毁灭性的打击就是让他没面子。一个自感丢尽面子的男人会走向极端，要么变得疯狂，要么变得毫不在乎。无论走到哪个极端，对女人都不幸。疯狂的男人容易变成暴力狂，消极的男人变得失去斗志。所以，聪明的女人，无论他的男人让她多生气，令她多烦恼，她都会紧紧捍卫男人的面子。而一个平时肯花心思维护自己男人面子的女人，她的生活一定是幸福的。把两个人的小氛围经营得和谐，是家庭关系平衡术中最重要的一点。

当然，给男人面子，并不是女人委曲求全，而是在恰当的时间、恰当的场合，给男人体面的自尊。

前几天去一个男性朋友家做客，我亲眼见识到一个相貌平平的女人是如何用面子赢得老公的呵护的。

我和这个男性朋友相识多年，我一直搞不懂他位高权重、相貌堂堂为何对妻子情有独钟。在我眼里，他的老婆没学历、不漂亮、没品位，工作又不好，还懒惰。我经常半真半假地嘲笑他"什么眼光啊"。可是这一次，谜底被揭开了。我这朋友虽供职于机关却酷爱厨艺，厨房基本上是他天天磨炼技艺的处所。之前去过他家几次，每次都是他下厨，而他的妻子在客厅里看电视。

那天，我一进门就感到主人准备大显厨艺的决心。意外的是，这次在操作台前忙碌的不是朋友，而是他的妻子。

看到我疑惑的表情，朋友悄悄告诉我，今天除我之外，其他客人大多是他的下属，因此夫人特意申请掌勺，而他则负责在客厅作陪。

我忽然觉得有必要对女主人有一个重新的认识。我对她不屑多年，却没发觉她对于家庭关系的艺术与平衡原来有着如此深刻的理解。同时，我发现那天朋友的心情真的特别好。

那一刻我终于明白，天下真的没有无缘无故的爱啊。一个男人爱一个女人，这个女人身上必定有吸引这个男人并令他折服的品质！

如果你想做个被老公奉为甜心的幸福女人，平时就要多照顾老公的面子。你要牢牢记住这几点：

1. 装傻 好友和丈夫结婚10年，依然你侬我侬。她的秘诀是：给老公最大的面子。在她卧室的墙上有一张字条，上面是她制定的"家规"：第一条，历史证明老公永远正确，一切外务大事都由他做主；第二条，万一他不对，仍参照第一条执行。后来老公在感动之余又添了一条，夫人享有总裁决权。

2. 谦和 不要以为你告诉了他，他就会按照你的要求去做。当我们希望得到既定的结果时，一定要为对方的接受程度考虑。比如他在刷过牙后总忘记把牙膏盖盖上，你就多说几句"请"，而不要向他频频甩出"不要，不准"之类的话，那样他一定会欣然接受，而不会恼羞成怒、破罐破摔。

3. 内外有别 就像上面案例中朋友的妻子那样，不管你在家里把老公当电饭煲还是当吸尘器，一旦涉及他的面子时，一定要小心谨慎，就像手捧一件古老、珍贵的瓷器。给他足够的面子，才能获得"高额回报"。

4. 练心 记住，不是操心是练心。如果你想给足男人面子，还要多多练心。你的修养，你的谈吐，你的风韵，你的容颜，你的智慧，你的笑容，都是男人面子的重要组成部分。要不然只有玉树临风，没有佳人相伴，那面子最外层的金边该怎么贴呢？

"戴高乐"心理

尼采说:"想和女人约会,请拿好你手中的鞭子。"

我说:"要想让一个男人乖乖地为你服务,请准备好夸赞的语言。"

都说女人虚荣,其实男人的虚荣心也不比女人差,除了爱面子,他们还爱听好话,爱戴高帽,可以简称为"戴高乐"。就像小孩子总喜欢夸张事实,为的就是得到成人的赞扬一样。男人也希望得到赞美、肯定,希望被异性鼓励与欣赏。因此,要想让男人乖乖地为你服务,你必须不失时机地夸赞他。

事实上,赞美也确实有着一种不可思议的推动力量。

我和老公一开始谈恋爱的时候,他总是不喜欢理发,整个人看起来没有精神。我当然希望自己的男朋友帅气潇洒,于是每次看到他的头发盖过上耳廓,我就按捺不住,频繁地催促他:"头发都这么长了,难看死了,快去理发吧!"遗憾的是,他有时并不为所动,或是被催急了不情愿地出去理了。后来我换用另外一种方式说服他:"你知道吗?每次你理发后,人显得特别帅气,特别精神,我特别喜欢你那样子!"我的目的和原来一样,只是方式变了,结果是我的老公每次都高高兴兴地打理自己。我们两个人都很开心。

分析一下,在第二种方式中,除了语气的改变,最重要的是我用了鼓励、赞美的方法。而第一种则是以责备、埋怨、不认可的态度交流,自然收效迥异。

我们的文化传统告诉我们随时要自省,但婚姻生活中,我们却习惯挑剔男人。也许在平时的交际场合,我们常用赞美的话语,却吝啬将赞美和肯定给予我们最亲近的人。

很多时候，男人其实只是一个长着胡子的孩子。无论外表怎样坚强，他的内心都是柔软脆弱的，需要你的安慰抚摸，需要你温柔肯定的言语。试想一下，如果一个女人对一个男人这样称赞："我这辈子就佩服两个人，一个是李嘉诚，另一个就是你！"估计这样的赞美没有人不会不为之动容，因为你强调了对方的价值。可是，当一个男人工作一天一身疲惫地回家，迎接他的却是妻子皱着眉头的脸和不停的唠叨："阿红的老公升了正局级，你什么时候……"当他带了一束玫瑰回家，妻子却漫不经心地丢在一边，开始谈论阿芳新买的钻戒多么漂亮；当女人不再感激男人的付出，甚至有些鄙视他的心意时，这个男人还会努力讨好你吗？还会留恋你吗？

那些爱唠叨的女人可能会站出来反驳，说她的男人真的干啥啥不行，一无是处。这绝对是不可能的。任何人身上都有值得肯定的地方，是你过于偏执，把全部的目光死盯在男人的缺点上，所以你认为缺点是他的全部，他的全部都是缺点。假如你换种欣赏的眼光看待这个男人，你的感觉立马就不一样了。退一万步讲，假使这个男人真的像你说的那样一无是处，那又能怪谁呢？没人逼你嫁给他吧，实在看不上人家，那就离开呗，何苦诋毁他又委屈自己呢？

现实中，男人似乎总有地方让我们不满意，比如不够浪漫、不爱运动、不喜欢和我们聊天、对我们不够体贴等。然而，我们是否因此就有理由变成怨妇，每天唠叨、抱怨？假如有一天，丈夫回家时顺手买了生活用品，请不妨就此夸奖他一下，告诉他，他的行为让你很开心，让你感到了体贴和爱。"和以前比起来，你真是越来越体贴了"，这样的称赞对男人是一种激励，他会记住你的感受。原来这么简单太太就会满意，看来以后要多买几回，让她更开心。

所以，好老公是夸出来的，女人的幸福藏在自己的嘴巴里，聪明的女人，绝不吝啬对男人的赞美。当然，赞美的核心是真诚，要发自内心地赞美他，而不是流于形式的虚情假意。

第二章

顺应婚姻的肌肤纹理，
才能用对粉饰太平的手法

从现在开始，放弃关于婚姻的"俺娘说"

"我妈说眼睛小的男生心眼儿多。"

"我妈说学历不高的男人将来家庭暴力的倾向比较严重。"

"我妈说千万不能找个像我爸那样太木讷的男人嫁，一辈子活得没意思。"

"我妈说判断一个男人爱一个女人的唯一标准就是他舍不舍得为她花钱。"

仔细回想一下，二十几岁，刚开始趔摸着找对象的时候，你有没有说过或者听小姐妹们说过类似的话呢？

你一定有过。一个女人的婚姻观，总是无形中被打上了"俺娘说"的烙印。

我们女孩子对婚姻和男人的认知首先来自于我们的母亲，母亲是我们婚姻价值的启蒙老师，她老人家成功的经验，失败的教训，对生活的感悟，总会自觉不自觉地说给我们听。首先来说，我们得感谢母亲对我们的谆谆教诲，是她教给我们甄别男人的方法，什么样的男人才可靠，什么样的男人不可交，她都会提前告诉我们。

一般而言，这些话我们也都牢记心间。母亲嘛，吃的盐比我们吃的米多，过的桥比我们走的路多，过来人的话总是可信些。再说，她是俺娘，当然是为俺好啦。尤其是那些乖女孩，对母亲的话更是言听计从。

我并不怀疑一个母亲教育女儿的初衷以及教导女儿慎重对待男人的善意，但其负面作用也同样不可忽视。母亲大人说的并不一定对，即使对她老人家而言是对的，也并不一定适合你，放你身上就对。

看过一期上海东方卫视的《幸福魔方》节目，当事人是一个长得很漂亮的职业女模特，她有个非常不错的男朋友，两人性格很合得来，交往一年多以来，男朋友对她非常好，体贴又照顾，像守护神一样守护着她。花钱也大方，要什么买什么。但只因为一件她看起来天经地义的"小事"，这个她认为"打着灯笼没处找"的好男朋友就被她吓跑了。

今年夏天，男朋友大学毕业，开始上班了，领了平生第一笔工资。小伙子兴冲冲地把她约在海边，把用第一份薪水给她买的铂金项链送给她，满心等着她能开心一笑，可是她却提出了一个非常无理的要求：给我买项链，不如把工资卡交给我。

男朋友觉得她这个要求很无理，很不可思议，理论来理论去就理论散伙了。

当她叙述到这个地方的时候，主持人都惊得目瞪口呆的，问她为什么会有这种要求。

她辩解说本来就该这样的，男人把钱给女人是天经地义的事。我家的财权模式就是这么分配的，我老爸挣的钱要一文不留地交给我老妈，而我老妈也一直告诉我，判定一个男孩子爱不爱我，就看他舍不舍得给我花钱，愿不愿意交出财权……

主持人和现场的嘉宾都被她这套财权分配理论震住了，有几个还惊讶得捂住了自己的嘴巴。就男人把钱交给女人是否是天经地义这个问题，大庭广众之下，女孩子和嘉宾们争论得面红耳赤，最终还是未能扭转过来她的认知，可见其受"俺娘说"毒害之深呐。

据我所知，很多剩女都是深受"俺娘说"的毒害而被剩下的，我身边就有个这样的朋友A，在北京做着普普通通的会计工作。她的父亲当年因为学历稍低没有评上高工，当了一辈子工人，这一直是她母亲心底抹不去的阴影。等她长大成人了，母亲给她找男朋友制定了一个非常严格的标准——硕士学历以上。令人惋惜的是，她自己是专科学历。每次人家给她介绍对象，她都是搬出"俺娘说"如何如何的，总是高不成低不就，每次都惹得介绍人不高兴。现在她已经35岁了，前两天我又帮忙给她介绍了个本科学历的，这姐妹是真执着啊，依旧是守着"俺娘说"这个教条，说她妈告诉她本科学历在现在的社会背景下不算高了，还不如以前的高中生呢！真是让我无语！气不过她的执拗，我甩给她一句话：让你娘帮你钓金龟婿去吧！

为什么"俺娘说"并不科学呢？其实这里面有个非常隐蔽的心理问题，中国式的家庭教育体制中，父母往往自作主张地当了孩子一生的设计师和规划师。父母往往把孩子作为自己梦想的载体、梦想的实现者，自己没有实现的理想、没有达成的愿望总寄希望于孩子身上。因此，从小到大，他们都希望孩子按照自己的意志走路。父母从一开始就关注于自我，而漠视了孩子的个性和人格独立，因而会经常性误导。

所以，你娘说的是她的主张，她的理想，她的愿望，而不是你的，也不见得适合你。她是她，你是你，你的生活要自己做主，你的幸福要自己说了算。婚姻这双鞋不能指望你妈替你试穿，因为你们的脚根本不一样。

所以从今天起，你要辩证地看待你老妈的主张，该感激的感激，该放弃的放弃。《我的青春谁做主》里面的几个丫头，不都是凭自己的想法行动才收获了属于自己的幸福吗？你也该有这样的勇气。

婚姻不是"黑社会",是个摸奖箱

从前,有人把婚姻比作"围城",城外的人想冲进去,城里的人想逃出来。结果是想进去容易,想出来难。

现在,有人把婚姻比作"黑社会",认为"没有加入的人,总不知其可怕。一旦加入,又不敢道出它的可怕之处,故此婚姻的内幕永不为外人所知"。

其实,婚姻并没有这么不堪、恐怖和神秘。随便到网上遛一圈,关于婚姻的千姿百态都在眼前。再加上现在试婚的婚前同居的那么多,离婚的也不少,所以,婚姻这道围墙也不那么威严了,进进出出的人越来越多了,自由度越来越高了。

那么该把婚姻比喻成什么呢?我曾经把它比喻成一个礼盒,现在我想把它比喻成摸奖箱——贴满了红纸,看起来倍儿喜庆的箱子,里面充满了诱惑和玄机。选择婚姻就像参与摸奖一样,参与不参与,你自己说了算;既然参与,既然有心情和决心玩一把,那就做好赌注的心理准备,因为这一把摸下去,你有可能中百万元大奖,也有可能仅仅收到一张写上"谢谢参与"几个字的小纸片。

在这里,我要强调以下两点:

一、"摸奖"之前,要遵从自己的意愿

当婚姻变成了前途未卜的赌注,那也就有了其相应的游戏规则。要想玩得嗨,最重要的一点,你要尊重自己的意愿,不要让外人左右你的意志。玩还是不玩,摸哪一张牌,都要你自己说了算,而不是别人强拉硬扯强行让你参与。这恰似周瑜打黄盖,一个愿打一个愿挨,这样无论输赢,你都不会觉

得憋屈，最起码你痛痛快快玩了一次嘛。具体来说，婚还是不婚，和A婚还是和B婚，以什么样的方式结婚等，这都得你自己掂量着办，不要听你娘的，不要听男人的，不要听朋友的。别人说的，仅供参考而已，你得听自己的，遵从内心的声音。"拉郎配"的婚姻是没有幸福感可言的。

我一直建议姐妹们择偶时跟着感觉走，基本上是没有错的。感觉对了，人也就选对了，找个你心甘情愿跟他走一生的男人，是一辈子的福气。女人的第六感是超准的，哪个男人能带给你家的温暖，让你有种尘埃落定的感觉，那妹妹你就大胆地跟他走吧。

二、愿赌服输，承担结果

每个人都要对自己的行为负责，既然是自己决定要参与"摸奖"的，等到结果出来了，发现自己两手空空，而别人都赢得盆满钵满的，可不许哭鼻子哦。

就像自由恋爱结婚一样，既然人是自己挑的，路是自己选的，是自己非要结婚不可的，那有朝一日过不好了，就别怨天怨地怨爹娘。一个如此不担当的女人，上天是不会爱你的。

有这样一个女孩，她从小娇生惯养。父母知道她吃不了苦受不了罪，所以当她到了谈婚论嫁的年龄，父母就张罗着给她找个门当户对的对象。结果介绍了很多条件不错的，她都看不上，反而自己谈了个父母双亡、没有任何家底的。要说她的父母还是非常开明的，并没有强烈地反对她的选择，只是给她分析了形势，让她自己权衡利弊，要对选择的结果负责，尤其是她的母亲，语重心长地告诉她既然放弃了物质和功利，认定了小伙子的人格和爱情，日后就不要嫌人家穷，不要和别的女孩子攀比。对于母亲设想的种种日后的艰难困苦，女孩子都坚信自己能够克服。

这个豪门女孩就这样信誓旦旦地嫁入了寒门。

男孩买不起房，自尊心又强，不接受丈母娘的资助，所以婚后小两口只好租房居住。夏天还好说，冬天租来的房子没有暖气，女孩子有点吃不消了，嘟囔着要携老公回娘家住。老公不肯，就每天下班回来用手握着她的手给她取暖，给她唱周华健的《一起吃苦的幸福》。

这样相安无事地过了十来天，"二九"未过，小两口就闹翻天了。女孩子的手上生了冻疮，下定决心要回娘家住了，而老公坚决不从。女孩子一气之下说："你自己没本事还打肿脸充什么胖子？死要面子活受罪，你自己爱受罪就受吧，别拉上我当陪葬品！"

这句话刺痛了穷小子的自卑，激发了他的自负，他也发火了，说了过分的话："我没拉你，就算我是个火坑，也是你自己要跳进来的！"

女孩子哭哭啼啼地回家了，肠子都悔青了，倒在老妈的怀里开始耍赖，责怪妈妈为何当初不拦着她，不干涉她的婚姻，眼看着她往火坑里跳。

老妈一边心疼女儿，一边无奈地摇头：唉，现在的孩子，管也不是，不管也不是，该如何是好呢？

我一点儿都不同情这个豪门女孩，反而有点看不起她。因为婚姻的道路上不可能全是鲜花，谈恋爱的时候展示的都是优点，婚后暴露的全是缺点。而当两个人从相识、相知、相恋到婚姻，谁能在一开始就知道婚姻的结局是幸福还是悲哀呢？有的婚姻开始是甜甜蜜蜜、幸幸福福，可后来却背道而驰进而分手，有些海誓山盟爱你一千年一万年，却说不准一天后就匆匆而去似风过无痕的虚幻。甚至太多的婚姻，都总是爱他时无法送他到天堂，恨他时也无法送他到地狱。但无论如何，自己选的路就要自己走到底，不要埋怨他人。

我一直建议我们在婚姻问题上要做个"有种"的女人，也就是愿赌服输，坦然接受一切后果，不自怨自艾、怨天尤人。

我认识一个很有魅力的离婚女人，她遭遇第三者的袭击，尽管丈夫明确表示改过自新，她却并不接受。但是，她心里一点怨恨都没有，不恨第三者，也不恨老公，也不抱怨自己时运不济，而是坦然地接受一切。她的淡定让所有女人震惊，而她则潇洒地说："既然是赌注，就存在着不可知，也存在着难定的变数，融着一定的风险，生命正是因为充满了这些未知才变得妙趣横生呢。只要有勇气担当，日子照样过得活色生香。"

就是因为有这样的思想认识，所以离婚后，她依然活得很好，和前夫是很好的朋友，她的追求者也多得是。

所以，在婚姻的路上，让我们多点担当，少点抱怨，各人背负着个人的苦难和快乐，漠然前行。

婚姻是双鞋一点不假，但脚和鞋永远拧巴

"婚姻怎么选择都是错，长久的婚姻，就是将错就错。"这是《非诚勿扰2》中的经典台词，比较狠，但直抵婚姻的内核。

以前的时候我们总说婚姻就像脚上的鞋子，要找双合脚的才幸福。事实上，我们根本找不到一双完全合脚的鞋子。只因为人是一种善变的动物，而我们生活的世界也是变幻莫测的世界。

假如把女人比作脚，把男人比作鞋，因为"脚"在不停地变幻增长，而"鞋"也在一天天地分裂变形。一个女人，恋爱的时候认定一个男人，说"我就认定他了，天天吃窝头就咸菜我都乐意"。我丝毫不怀疑女孩说这话时的真诚度和痴情度，她日后也真的会吃几天窝头和咸菜，可要不了几天就歇业了，吃不消熬不住了，单单从人体健康的角度，她也承受不了。这就是"脚"在变。

同样，"鞋"也在变，男人爱上一个女人，也是觉得没谁比她更适合自己了，什么此生有伊就足够，我拿生命报答爱，刀山火海我不顾等。婚后他也的确守着这样的诺言，想方设法地让女人过好日子，不能让她跟自己吃苦。

于是就琢磨着努力工作,给自己充电,这样提升自我的时间多了,陪女人的时间就少了。女人不满足于这种状态就开始唠叨,男人这时候就觉得是个女人都比身边的好,都比她适合自己。这是"鞋"在变。

有这样一个故事:

> 珍和枫是大学同学,他们自由恋爱结婚,从彼此的性格到家庭,再到工作,没有比他们再合适的了,真可谓金玉良缘。毕业后,珍留校当了老师,很稳定。枫在当地的工商银行做会计。物质殷实,心心相印,情感富足,日子自然是过得有滋有味。"脚"和"鞋"非常和谐。
>
> 一年后,孩子出生了,当时正值20世纪90年代初,"下海"之风正流行。慢慢地,珍身边同事家的老公南下创业发财的越来越多,珍有点心理落差,觉得自己的男人也该干大事。他们应该给孩子日后的成长创造更殷实的物质基础,要让孩子出国留学,不能像他们一样在小城市里混日子。她觉得"鞋"有点挤脚了。所以她建议老公停薪留职。老公很听话,也被她说动心了,果真也"南下"了。
>
> 枫在深圳从当司机开始,后来慢慢地做起了自己的生意,工作越来越忙,见识的女人越来越多,他突然觉得珍并不像他想象的那么完美,那样不可替代。对于自己的这种想法,他一开始有负罪感,但看到周围的男人都花天酒地的,他渐渐地原谅了自己,释然了。
>
> 后来他真的如珍所愿,干了大事,有了自己的物流公司。同时,也有了自己的情人。
>
> 珍呢,一开始对老公创业成功很得意,后来在家里越来越寂寞,觉得没人陪伴的日子真难熬,她宁愿不要这么多的钱,也不要老公离自己这么远了。
>
> 珍想让枫回来和她长相厮守,可这回"鞋"一点儿都不听话了,宁愿离婚,都不回来。

所以说，可能"合脚"只是暂时的，"不合脚"才是婚姻的常态，也因此，穿什么"鞋"都不完全舒适，找什么男人都不绝对妥帖。

那为什么长久的婚姻又是将错就错呢？

有研究表明，爱情的寿命充其量就18个月，18个月之内消失，这一方面是客观规律，另一方面也是人体功能的需要，人体不能老处在亢奋期，否则就累死了。说实话，两个人朝夕相处绑在一起，太难了，但是碍于现实，也不能老换。再说换了后重新开始，过了18个月，还不是现在的样子？既然不能老换，就让自己别较这个劲了，那就安于现状吧。所以说长久的婚姻里含着很多包容和容忍，而不是先前令人陶醉的爱情。即使有，也是走样的、改良的爱情，不纯粹了，亲情、友情、爱情，甚至是同情的成分都有。

是否明白了这些，婚姻的内核就全部剥开了？我认为还没有，还得补充一句：可怕的婚姻是一错再错。姐妹们不禁会问：同样是错，将错就错和一错再错有什么区别吗？

有很大的区别。如果说将错就错的婚姻是天堂，而一错再错的婚姻必将是地狱！

将错就错意味着我们接受真相，顺势而为，自然而然，积极进取，是一种睿智。一错再错意味着逃避现实，执迷不悟，恣意妄为，是一种愚昧。

一个甘于将错就错的女人，她会用平常心看待自己婚姻中的瑕疵，用平和的心态与人相处。会说服自己不挑剔，不和别人攀比，试着接受丈夫的缺点，欣赏他的优点，和丈夫求同存异，在不完美中尽可能地寻求和谐。积极乐观地经营自己的婚姻，她很容易找到幸福。

而一错再错是一种病态心理。有这样一个女人，她发现自己嫁的人不能迎合她，比如比自己大，太老实，不会甜言蜜语哄她开心，她很失望，她觉得自己亏了（此为一错——老实厚道原本是优点的）。于是企图要求这个男人从物质上给她以补偿，使自己心理平衡。她开始一切向钱看，榨干丈夫的工资，掏干丈夫的钱包（此为二错——要给丈夫留有一定的自由度）。后来把丈夫惹怒了，丈夫不给她钱了，她就索性家务活一点儿不干，孩子的事统统不管,全部交给公公婆婆。自己就知道享受,吃喝玩乐(此为三错——她实际上已经放弃家庭了)。这样的女人,谁能容忍?丈夫忍无可忍,和她离婚了。

一个一错再错的女人,自己和自己拧巴,自己和丈夫拧巴,自己和生活拧巴,她的婚姻生活必然是一团乱麻。请问这样的心境怎么孕育出漂亮的情爱之花?

我认为,婚姻是天堂还是地狱取决于你自己,换人不是出路,改变自己的认知模式才是根本。在现有的模式下,求同存异,在拧巴中求和谐,你就幸福了。

也许你现在的丈夫不让你满意,也许你现在的婚姻布满了裂痕,但只要你有将错就错的耐心和爱心,不甚圆满的婚姻照样能过得比蜜糖都甜。

如果你暂时做不到,别急,继续修行吧。活着是修行,婚姻也是修行。

现在,关于婚姻的本质就出来了:如果说婚姻怎么选择都是错,长久的婚姻,就是将错就错;可怕的婚姻是一错再错。这就是关于婚姻的真谛!

一是一,一加一才有可能等于二

我最近对一个词儿特别感兴趣,那就是"悔婚族"——已经结婚,长期处于后悔结婚的状态,但又不离婚的人。

说实话,我对婚姻不太看好,是个婚姻悲观论者,认为如果一个女人自己可以活得有声有色,把自己的人生经营得很好,把自己照顾得很不错,如果找不到合适的对象,真没必要结婚。这倒不是我受过什么伤,思想偏激,实属从实际出发,实话实说。

原因很简单,我们应该做有价值的事情,对吧?可现实生活中,婚姻的价值形态是什么？

请你参考一道数学题：一加一等于多少？你会说等于二。可是在婚姻当中，并不全是一加一等于二的情况。我接触过的夫妻，一加一等于二的情况并不多，别说等于二了，等于一就不错了，更悲催的还有一加一等于零的，还有小于零的。在这些一加一等于或小于零的悲剧婚姻里，两个人没日没夜地争吵、相互抱怨，纠缠作无谓的精神内耗，这样的婚姻要它何用？

"悔婚族"的婚姻状态基本上都是这个样子的，他们长期处于懊悔结婚的状态，你若问她是什么原因，她们肯定是无休止地抱怨：男人太懒惰，男人不能挣钱，男人不浪漫，婆婆太不讲理，等等。满嘴里都是别人的不是，全都是自己的理。看起来她们是无辜的可怜的受害者。

她们很少反观自己。可是你知道吗，要想实现一加一等于或大于二，你首先要做到自己是个一，是个完整的、独立的、有能力使自己快乐的人。如果你自己根本人格不独立，心智不健全，根本不是"一"，你怎么能够实现"一加一等于二"呢？

我有个大学同学就是这样，她是个情种，十五六岁情窦初开的年纪受过一次感情创伤，从此留下抹不去的阴影。上大学的时候追求者很多，但她疑心太重，总是怀疑男孩子对她另有所图，不是怀疑人家看上她长得漂亮，就是怀疑人家看上她家有钱。心里想太多，爱情自然不会太轻松，所以她和谁都处不好。

毕业后顺风顺水地找了份银行的工作，却因为处理不好同事关系而辞职。考研吧，又静不下心来苦读，所以屡考不中。

就这样高不成低不就地处于悬空状态，靠父母养着，人变得神经兮兮。后来她一直暗恋的那个男人考上著名大学的研究生，她乐颠颠地跟人家去上海了，我以为这姐姐终于找到王子脱离苦海了，谁知不到半年的时间，父母又亲自赴沪把她接了回来，并找到我让多劝劝她。这时候她已经处于精神崩溃的状态了，木呆呆的。看她如此可怜，我仗义执言找她的男朋友算账，谁知这哥哥比她还可怜，竟然哭了，边哭边说："我哪有这么多精力天天哄她，哪有那么多时间时刻陪她？稍有一点不满意的地方，就说我虚伪、无情，是骗子。我得不停地用痴狂的行为来证明我对她的真心。我连写论文的时间都没有，导师已经批评过我多次了。再这样下去，我要被开除了！"

哦，听君一席话，原来他比她还可怜！

她的父母把她放在我这里小住，要我好好开导开导她。我恻隐之心大动，当了回心理医生。有意思的是，我的阳光没感染她，她的忧伤倒是感染了我的男朋友，两个人感染到一起去了，步入了婚姻的殿堂。

说实话，被朋友挖墙脚的滋味当然不好受啦，我为此耿耿于怀了好一阵子，要让我祝福他们白头偕老、永沐爱河，小女子我可没这么心宽，我真实的心态是：只要你们过得比我好，我就受不了。

当然，我也有足够的自信自己会活得比他们好，因为我坚信，一个自己无法存活的女人，没人能救赎得了她。事实也正如我预料的那样，他们的婚姻一塌糊涂，男人被女人缠的工作丢了不止一次了。去年在另一个同学的婚礼上碰巧见了一次她的男人，用"35岁的年龄53岁的容颜"描述他丝毫不夸张……

我们每个人都期望拥有不抱怨的婚姻，可是你首先得做个对生活满意不抱怨的女人，才有资格拥有这一切。一个人，贫穷的时候不快乐，腰缠万贯也不会快乐。一个女人，单身的时候悲悲戚戚，婚后也不会阳光。自己过的时候过得一塌糊涂，婚后也不会有长进。

所以，放弃通过婚姻来改变自己生活状态的幻想吧。作为女人，你首先自己能活得很好，而后才有可能是两个人生活得更好。如果你自己活着都成问题，那最好不要结婚，会害人害己的。打扫完屋子再请客，调整好状态再结婚，才是上策！

男女不平等婚姻才能美满

《婚姻保卫战》热播那阵儿,我们几个要好的姐妹观后很受启发,虽不成立"妇解会"之类的,但聚到一起倾诉倾诉、盘点盘点、总结总结还是很有必要的。于是我们就在一家餐厅聚在一起喝下午茶。

席间,我们说得最多的自然是男女责任的分担和男女平等这个话题,有的说,我家老公可恶至极,整个儿就一甩手掌柜,什么都不干。有的说我老公蛮横霸道不讲理,尽是欺负我,他说的话我必须得听。当然,也有阴盛阳衰的,小妖骄傲地显摆她的驯夫成果:我老公那叫一个听话啊,我每天晚上想喝水都吆喝"老公,我喝水,给我倒杯50度的"……

听着姐妹们叽叽喳喳或嗔或怨或得意或骄傲地说个不停,我突发奇想,其实大家伙的婚姻都挺滋润的。无论是被老公和家务活蹂躏的,还是对老公颐指气使的,不都还过着美满幸福的太平日子嘛。这些貌似不平等的婚姻,实际上都稳定得很。相反,那些男女势均力敌处处讲究平等的婚姻都不怎么好过。

以我自己为例,我和老公的关系就是很不平等:我不喜欢出去工作,他讨厌家务。几年前我辞去正式工作,在家自由撰稿、开报纸专栏、咨询;老公呢,除了工作,家务很少打理。于是乎,他老妈看不惯我不出去上班,我老妈看不惯他不干家务。可我们俩却非常和谐,我们之间从不为经济或者家务产生纠纷。他从不责备我乱花钱,我也从不怪他结婚到现在几乎没有做过饭。不用工作,把房子收拾得干干净净以及做饭对我来说是很轻松很快乐的事。老公很尊重我,从没认为是他养着我,因为我理解老公赚钱的辛苦,老公也理解我打理家务的不容易。

我的朋友韦先生从日本回来,他家也是这样,妻子在日本也是在家照顾儿女，他在外面工作，家庭很是和睦。和我的家庭一样，并没有见到所谓的女人因为不出去挣钱养家就产生男女不平等，受歧视。

其实家庭中男女是不是平等，婚姻是不是稳定，并不全由男女经济是不是完全独立来决定；相反，我倒觉得彼此太独立的夫妻，因为自由度过大，婚姻反而不稳定，一旦有矛盾因为不需要相互依靠，谁都不依赖谁，谁都不容忍谁，所以分起手来很容易。所以说那些势均力敌、旗鼓相当、泾渭分明的家庭，解体的居多。

这样的例子我刚刚目睹了一个：

在我家对门租房的一对小夫妻，男孩是南方人，在北京打工，女孩为了他从三亚辞了工作过来。一开始的时候女孩没找到工作，就在家里洗衣服做饭。俩人倒也蛮甜蜜的，女孩给男孩做饭，端洗脚水，每天晚上可以看见他们手牵手在街心花园散步。周末的时候男孩带女孩上街买衣服，真是羡煞人也。

后来女孩找到工作了，上班了，俩人就开始口角不断。先是为了房租问题，俩人产生了严重的分歧，男孩要求女孩支付一半房租，550元。女孩心里很纠结，说："我为了你付出这么多怎么这个也要和我斤斤计较？"

男孩也理直气壮："付出的不是你一个，我也付出了。"

女孩说："既然房租平摊，那家务活也AA制，为什么洗衣服的总是我呢？"

男孩也理由充分："这不怪我，谁让你嫌我洗得不干净呢？"

女孩也想了个办法，说："那以后各人洗各人的衣服，各人吃各人的饭。房租平摊。"

男孩大概觉得很平等了，欣然允诺，俩人还写了保证书挂在墙上。

那时候我就心里感觉不妙，心想这对鸳鸯很有可能会走散了。当我把这个预感说出来的时候，老公直骂我乌鸦嘴。

后来果真如此，这样男女平等的日子过了没两个星期，有天夜里，两人一顿恶吵后，女孩哭着离开了。

女孩的哭声我听得有点心酸，想着他们的故事，思考着男女平等的问题，我失眠了。我打开电脑把夫妻该不该房租AA制这个问题发帖子到网上，马上就有很多跟帖，看得我大跌眼镜，许多男性网友跟帖竟然质问凭什么租房要男人独自承担？也有MM大义凛然地说AA制好，经济独立才能男女平等，否则女人没有尊严。

呜呼，哀哉！其实婚姻是个粗线条的东西，难得糊涂，婚姻内没有必要斤斤计较男女平等，只要彼此适应，双方舒服，谁强点谁弱点，谁吃点亏谁占点便宜，都无所谓了。如果你一定要拿着放大镜分毫必究，日子是没法儿过的。

如若不信，你也可以把你的邻居挨家挨户做个统计，但凡那些两口子各拿各的工资，各花各的钱，各人玩各人的，没有几家是幸福的。

婚姻不怕目的不纯，就怕目的不明

最近几年我国的离婚率急剧上升，引起人们的普遍关注。年轻人离婚的居多，他们"闪婚闪离"的现象越来越多。对此，人们分析出了多方面的原因，许多人认为，这与父母从小过分溺爱，凡事帮孩子拿主意，养成"80后"缺少忍让性、宽容度和责任心有直接关系，是人的性格和修养引起的。

实际上，离婚率的上升是有多方面原因的，这（性格和修养）只是其中的一个方面。我认为，离婚率上升的一个重要原因是当事人对婚姻无目的或目的不够明确造成的。打个比方：结婚的男女双方就相当于两块质地（素质）不同的木板结合在一起，为了追求稳固，最好的办法是先用胶水黏合，然后再用若干个钉子钉牢。那么婚姻中的每一个具体的目标（条件），比如人的素质、性格、相貌、家庭条件、人品、学历、工作、收入、财产、子女等，都是构成婚姻的基本要件。这些条件就相当于一根根大小不一的钉子；而爱情、事业、兴趣、社会责任等就相当于胶水。虽然钉子钉得越多木板就越牢固，但是如果没有胶水光有钉子的话，难免会生锈、松动。同样，没有钉子只有胶水的话，也是难以持久的。

往往那些为我们所不赞同的功利婚姻，大多是以具体的"钉子"为目的，而清高一些的女孩多以抽象的"胶水"为工具。无论是具体的"钉子"还是抽象的"胶水"，婚姻都必须依靠这些条件和目的才能稳固；否则，再好的感情很快就会无以为继。

怕就怕女孩子目的不明，一会儿"钉子"一会儿"胶水"的，或者说没有目的，啥都不图。这就乱了，一乱，婚姻保证出问题。而目的明晰的婚姻，则易于打理、经营，更容易幸福。

我这点婚姻理念在我的新浪微博上一发，即刻引起了粉丝的共鸣，其中一个叫紫风的女孩给我讲述了她的故事。

紫风今年28岁。三年前和俊海结婚时，她承受了很大的压力，心里还有不少的愧疚。

愧疚是因为小涛，她和小涛相恋了三年多，因为小涛只是某科技公司的一个打字员，买房子买车根本遥遥无期，结婚成了镜中花水中月。而俊海当时已经追求了她一年多，除了不讨厌他，紫风对他是没有爱情可言的。但她最后还是下定决心和小涛分手，嫁给了俊海，除了因为他能给自己想要的，车、房……还因为一件偶然的事情。

有一次，小涛用自行车带着紫风逛街，过马路横行道时，小涛的自行车和一辆宝马车相擦了，车主下来和小涛理论，声称要他赔2000元修理费。紫风正准备叫交警来评理，没想到小涛突然扔了自行车拉起她拔腿就跑，紫风没弄明白他的意思，只听见身后传来一阵刺耳的哄笑声。跑了几分钟，小涛终于停了下来，喘着气说："终于跑掉了，要是赔2000块钱我就惨了。"

紫凤有种耻辱感，但她理解小涛的想法，因为他们两人的工资加在一起也不过3000块钱。要是赔钱的确就"惨了"！但那逃跑的狼狈和身后刺耳的哄笑声却从此留在了她的脑海里……她终于决定离开小涛，接受俊海。

她的离开遭到了小涛的鄙视和朋友的蔑视，很多人都因为她的势利而疏远了她，说她是个目的性很强的女孩，将来会后悔的。可紫凤自己很清楚自己的所需所求。

从举行婚礼的那天开始，她就确信自己跟俊海结婚是多么正确，盛大的婚宴，如云的宾客，女友们的夸赞……这一切，小涛是无法给的，除了爱，他什么都没有。

婚后的生活殷实而富足，俊海的高收入令她衣食无忧，再也不用为了躲避房东的催租而熬到很晚才敢回家。虽然她对俊海的感情非常勉强，但他给予的爱却那么实在：烛光晚餐、花园洋房、保姆、派对……也许，有人认为这些都是虚荣，但她觉得拥有这些身心舒畅。而后来的一件事，更让她坚信自己的选择是正确的。

去年夏天，紫凤出了严重的车祸，肇事车当场逃逸。她在医院住了三个月，花掉八万多，康复得很快。但临床一位病人的窘境却让她心有余悸，临床女人的伤势本来比较轻，但由于缺钱，医院差点给她停了药，丈夫和家人四处借债，好不容易才续上医药费。

紫凤不得不再次庆幸当初的选择。那时候，她听说小涛还在一家小公司做职员，在城郊地带租住农房度日。她在假设：如果我跟小涛结婚了，这次车祸将会给我留下怎样的噩梦呢？金钱不是万能的，但在这种关键时刻却显得那么重要，甚至轻易地改变人的一生。

自那以后，紫凤开始清醒地认识自己的婚姻，慢慢地看淡了穿金戴银的虚荣，尽量多操持家务，实实在在地生活。也开始珍惜俊海挣回来的钱，体谅他在外面打拼的艰辛。

结婚多年来，因为不必为生活而焦虑，有更多的时间来打磨爱情，他们反而生活得十分开心，感情越来越好。

感情是可以通过有意识的选择得到维持培养的。许多被大家看好的婚姻因为当事人的漫无目的而无心经营或经营不当，可能很快就破碎了；而那些在众人眼里粗陋的"功利婚姻"，可能因为两个人目的明确，用心、锲而不舍地经营，结出和美的善果。

如果你也正在或即将进入一桩"功利婚姻"，那么请记住以下几点：

1. 不要有患得患失的心态

是的，你可能在获得物质实惠的同时失去了另一些精神上的愉悦，但你应该早些确定：你想从婚姻中得到的究竟是什么？

2. 不要和别人的婚姻作比较

人们经常用自己婚姻中的不尽如人意与别人婚姻中的得意之处作对比。其实，幸福是一种极其个人化的体验，让别人心满意足的，未必适合你。

3. 试着去爱一个你注定要与之长期相处的人

长期相处形成的亲情感和依赖感，正是爱情的后期表现。"功利婚姻"只不过是迈过了所谓的"激情期"，去发现和开掘对方的好和美。

4. 任何关系都会出现危机

"功利婚姻"的先天弊端肯定会在某一时期发作，让你觉得忍无可忍。但如果选择离婚，你需要解决的问题会更多。

绚烂的爱情终将"沉沦"为亲情

我的邮箱里刚刚收到一个陌生女孩的来信,她向我咨询这样一个问题:

我和男友在一起同居三年多了,我们已经商量好今年国庆节结婚。可是昨天我遭遇到灭顶之灾,因为我看到他和朋友聊天时说我就像他的亲人,没有初识时的激情和幻想了。他说会像对待妹妹一样爱护我。

我们还没结婚,他怎么就有这种想法了呢?难道我们之间的爱没了?和我在一起不新鲜了吗?是不是他已经没有当初对我的那种感觉了?有的只是对我的习惯了?他对我没有爱情了吗?这好恐怖啊。我不想当他的亲人,我要永远做他的情人、爱人、女人。

一连用了这么多的问号,可见小女孩有多么紧张。我的回复如下:

恭喜你,你已经套牢他了。再绚烂的爱情也终将沉沦为亲情。你已经是他至亲至爱的人,你应该高兴才是。

当年,20出头的年纪,我和这个女孩是一样的焦灼、茫然,我是个天真得要命浪漫得要死的女人,天生的情种一颗,那时候最害怕的话就是"婚姻是爱情的坟墓",每当看到或听到这句话,我都脊背发凉,毛骨悚然,仿佛世界末日来临。那时候我就望着天空发呆发愁:没有爱情的婚姻我到底要不要呢?我一天都不要,那对我是天大的侮辱。

而今,30出头的年纪,在婚姻这个"坟墓"里安然无恙地过了好几年的舒坦日子,我有足够的底气对后辈们说:再绚烂的爱情也终将"沉沦"为亲情，这是规律。

爱情是个"短命鬼"，它的寿命顶多只有 18-30 个月，过了这段时间，爱情就自然而然地转化为亲情。关于这一点，科学家是这样解释的：爱情其实是大脑中的一种"化学鸡尾酒"，是由化学物质多巴胺、苯乙胺和后叶催产素促成的。虽然多巴胺、苯乙胺、后叶催产素等爱情化学物质的大量释放会使人产生爱的感觉，但是，我们的大脑不可能长期不断地大量释放这些物质，因为神经细胞只有受到新异刺激时才会兴奋。固定的两性关系时间一长，相互间再无新鲜感，也就再难以兴奋起来，那种刻骨铭心的爱情便消失了。美国康奈尔大学生化博士辛迪·奈克斯调查了 37 种不同文化氛围中生活的 5000 对夫妇，并进行医学测试，得出的结论是：18 至 30 个月的时间已经足够男女相识、约会、结合和生子，之后，双方都不会再有心跳及冒汗的情况。

这个结果对于梦想爱情天长地久的女人来说，无疑是一个沉重打击，过了那十几二十几个月的"蜜月期"，每天不会再打电话缠绵了，也不怎么说我想你、我爱你了，也不会变着法子哄咱开心给咱惊喜制造浪漫了。尤其是走进了婚姻，接触到日常生活中的琐事，更是没有那么多的花前月下和浪漫可讲，要吃饭穿衣、照顾孩子、孝敬父母、人情世事，没有一件不费心费力费脑的，只是会问回家吃饭吗。两个人没有什么可以一起分享的事情，只有共同商量的具体问题，不再彼此称赞，只有提出要求和意见。一个上网，一个看电视，而不是相互依偎在一起。爱情在此刻便显得苍白。这时候，敏感的女人会没完没了地埋怨男人见异思迁、喜新厌旧，甚至是疑神疑鬼。多数家庭还会出现这种状况，男人已经入眠，女人还在摇晃着男人睁着大眼睛问："这就是生活吗？你到底还爱不爱我？"男人不耐烦地说："又来了！"然后就呼呼大睡，任女人纠结到天明！

我觉得，对这个问题我们要看开，其实爱情变成了亲情是值得万幸的事，这时候的爱是浸透骨髓的，会有相依为命的感觉。你可以想想，这世间可能只有亲情失去了，是永远找不回的。爱人失去了，可以重新寻觅。朋友失去了，可以重新结识。但是亲人失去了，你永远也找不到有谁可以代替。当爱情转化为亲情，当男人对女人说对她的感觉像亲人一样，这说明你已经是他至亲至爱的人了，在他的心里你是无人可取代的。意味着你们已经介入了双方的生活，成了彼此密不可分的一部分。你们生活在一起，不是靠新鲜，也不是靠激情，而是靠至亲至爱至真的心，和彼此之间的相互习惯、相互信任、相互扶持、相互依赖、厮守一生。这难道不是很幸福的事吗？爱情褪色后，亲情无限好，日子照样过，生活更精彩。只是内容和景色不同而已。

曾经有一句话一直引为经典婚姻是爱情的坟墓。这句话固然没有错，但是如果没有婚姻，爱情将死无葬身之地。亲爱的，赶紧给你的爱情找块风水宝地葬上吧。

所有人的婚姻都是 61 分

一年冬天，我的一位追慕者，大学同学来我家做客，第一次见我老公，出门后，这小哥有点不服地对我私语："我怎么觉得你老公和你不搭配呢？"

我说："你老婆和你百分之百搭配吗？"

他否认说："当然不是百分之百，但至少比你和你老公强吧。"

我说："别拽了，其实所有人的婚姻都一个分数：61 分。"

小哥愕然："此话怎讲？"

答曰："所有的婚姻都是 61 分，忍一忍能过，不忍，散伙。"

小哥想了一下，点头称赞。

他说自己的老婆虽然温良贤惠，工作不错，相貌也不赖，可是呢有个很烦人的特点就是得理不饶人，而且，母性有余而女性不足（缺少女人味的意思），有时候他觉得很乏味，他多次动过离婚的念头……

听到絮叨了这么多，我说："这就对了，大家伙儿的婚姻都是这个样子。"

　　其实，男女的分合，婚姻的长久，都只有一分之差，所有人的婚姻可能都是"问题婚姻"，天下也许根本就没有一桩不存在问题的婚姻。

　　刚结婚不久，和老公的关系处于磨合阶段的时候，我对自己的婚姻充满了不满甚至是仇恨，我羡慕别人的婚姻，觉得谁都比我幸福。可当我真正了解别人的婚姻后，才发现自己的婚姻不像自己认为的那样糟，别人的婚姻也没有我感觉的那么好。

　　曾经，在我的眼里，我小时候一起长大的朋友是天下最幸福的女人，每每和她的婚姻比起来，我总是自惭形秽。你看她，长相一般，身材也一般，学历不高，脾气暴躁，家庭一般，可是她的初中同学雷就一直喜欢她，初中毕业后她读了中专，而雷上了高中，考了一流名牌大学，硕博连读，毕业后主动放弃了出国深造的机会到南方陪她打工。虽然一路走来，他的身边美女如云，随便找出一个爱慕者都比她条件好得多，可是雷唯独对她情有独钟，总是鼓励她继续求学。

　　雷毕业后落户南方，收入不菲，就不让她打工了，给她报了很多学习班。她生性倔犟，脾气不好，学习过程中稍微遇到难题就拿雷发脾气，可雷对她百依百顺，一门心思帮着她，全心全意爱着她，竭尽全力护着她，不许任何人说她的不是。现在，雷成了某世界500强企业的亚太地区总裁，年薪百万，她喜欢传媒，丈夫就资助她办了一家杂志社，豪宅名车应有尽有。他们的婚姻真的完美极了。任何一个女人看了都会生出嫉妒来，别说陪他们一路走来的我了。每次俺娘都拿她作教材来教育我干得好不如嫁得好。我嘴上不赞同俺娘的说法，但心里也确实不是滋味。

　　我多喝了这么多年墨水，要样有样，要才有才的，结果找的老公不富、不帅、不勤快，真是没地方讲理去啊。

　　婚后很长时间，我都活在巨大的落差中。可有一天，我和老公吵架，她叫我一起喝下午茶，我倾诉了对老公的万般不满，表达了对她婚姻的极度羡慕，她才告诉我，她的婚姻并不是一块无瑕的美玉。由于老公忙于公务应酬多，再加上遗传的原因，年纪轻轻就心脏不好，吃饭稍微不注意或者运动剧烈的话就会胸口疼痛。也不能熬夜，可是由于和美国总公司那边有时差，出于工作需要老公必须天天熬夜。所以，她很担忧老公的身体，她说她宁愿什么都不要，只希望老公身体健康。她还告诉我，她的老公很大男子主义。而我的老公，待人接物都那么随和，她羡慕极了。

听了她的肺腑之言我很受触动，真没想到她让这么多人羡慕这么多年的婚姻也有不为人知的辛酸。我开始想，我的老公虽然不是精英人士，但起码有结实的身板和乐观的心态，还有，他很幽默，经常把我逗乐。我们虽无豪宅，但南北通透的房子住着倒也蛮舒服。原来，我们一直在彼此羡慕着对方啊！看来，谁家的婚姻都不是 100 分啊。

既然如此，没有什么可抱怨的，没有什么可羡慕的。你怨，或者不怨，分值就在那里，61 分，不多不少。不要总是抱怨自己的，羡慕别人的，就让我们心存淡定，匍匐在婚姻的路上吧。

婚姻拒绝完美主义

完美是一个人人向往的词。尤其是事关一生幸福的爱情婚姻，每个女人都期望有一个完美的呈现。

相爱时，要一切都是完美的，要懂我、要有默契、要符合我心中所想的那个他或她，不然，就是不完美的爱情；相处时，更要一切都是完美的，要谦让、要有经济实力、要符合我心中理想的那种幸福，不然，就是不完美的婚姻。

于是，一次次用自己的标准去要求对方、改变对方，仅仅因为他爱你。不改变，就是不爱，至少不够爱，所以，放弃、分开；改变了，远远不够，还要再改，到最后，彼此都变得唯唯诺诺、精疲力竭。完美，这时已经成为一种病态，一种危害婚姻的毒药。

听朋友说，阿雅和她的第N个情人又分手了。

对于这个消息，我一点儿不吃惊。性格决定命运，这样的结局，对于阿雅实属必然。

70年代末出生的阿雅是个爱情完美主义者，爱情是她唯一的信仰，这当然难能可贵。可是，她太挑剔了。

阿雅家世显赫，人长得也漂亮，品质也不错。从小学三年级开始，就不乏追求者，可她的每次恋爱都仿佛一朵盛开的花，娇艳地怒放不几天就匆匆以凋零收场。

她需要的是那种充满激情、轰轰烈烈又浪漫温馨的爱情，稍有一点不合她的心意，就马上把恋爱对象打入冷宫。有钱的男人她担心人家有钱就变坏，而且商人重利轻别离，没有足够的时间陪她浪漫，这是绝对不行的。没钱的男人呢，她嫌弃人家生活没格调没品位，不懂生活情趣。学历高的嫌死板，学历低的又顾忌没有共同语言。什么都满意的呢，又怀疑人家以前的情感经历，打听对方的家族疾病史……

就这样，她的男友像走马灯一样换了一个又一个。直到现在，三十几岁的年纪，阿雅仍然孤身一人。时间长了，她就不再相信爱情，说是自己经历的爱情，都是骗人的玩意儿。

她不相信自己的爱情，却总羡慕别人的爱情。阿雅从此变成了一个有神论者，总怀疑前世做错了什么事，今生被打入情感地狱赎罪来了。她从来不把自己爱情的失败看作自己的责任，经常向朋友们叨唠她有头无尾的爱情。

我告诉她，一个完美主义者的爱情注定是一场悲剧。"完美主义等于瘫瘾"，英国首相丘吉尔的这句名言精辟地阐明了完美主义者的害处。做事一丝不苟的完美主义个性或许对工作有利，但在恋爱关系中却常常会引发矛盾和冲突，使恋爱关系陷入僵局。

美国哥伦比亚大学的保罗博士和他的同事对76对恋人进行了跟踪研究。结果发现，无论是男人还是女人，当他们认为对方是一个完美主义者的时候，他们爱情的满意程度以及恋爱关系的质量就会明显低于其他人。与男人相比，当女人的完美主义个性比较强时，她对感情的不满意度更为严重。

其实想想这世界上，原本就没有完美无瑕的东西。我们呼吸的空气不是真空，喝的水也不是绝对的纯净，我们和细菌朝夕相处，我们的灵魂不是绝对的圣洁，每个人的心底都有不为人知的黑洞。有时候，我们的身体也会出现不完整的情况，我们做的每一件事并不是无懈可击。很多事情，我们自己都做不到……既然这样，我们有什么资格要求别人完美呢？你有什么权力说你的眼睛容不下一粒沙呢？

只许自己放火、不许别人点灯惯了，要跳出完美主义的陷阱对于那些专注、贪恋、自恋的女人还真有点难度，是个慢功夫，最主要的是要改变长期以来的思想观念。如果你确有诚意想改过自新，那我建议，当你拿着显微镜来考核爱人的时候，多想想下面的道理吧。

- 世界因为缺憾而美丽。缺憾，是普世的一种存在，完美无缺根本是不可能的。"大羹必有淡味，至宝必有瑕秽；大简必有不好，良工必有不巧。"（王充《论衡·自纪篇》）缺憾是正常，完美才是变态。

大理石雕像维纳斯，无疑是一个绝世之美的典型。她魅力四射的眼神，她宁静安详的面容，她丰腴高耸的乳房，她起伏有致的曲线，她柔软而富有弹性的腹部，她光洁而平滑的脊背，远比不过她那双断了的双臂带给人类的美妙幻想！维纳斯的断臂是真正的缺憾，但正是这真正的缺憾构成了真正的完美。

艺术这样，生活亦复如此，爱情更如是。

● 爱情是一碗汤，不是一钵水。很多时候，我们爱上一个人，不是因为这个人完美无瑕，而是因为遇见他时我们敞开了心灵，于是他破门而入。我们不爱一个人，不是这个人一无是处，而是我们遇见他时关闭了心灵，于是和他擦肩而过。爱与不爱，是你自己的问题，不是别人的问题。

没有哪一个情人是完美无缺的，没有谁的爱情是一帆风顺的，只有心怀宽容，经得起折腾，最终才能成就真正绚烂的爱情。

第三章

男女情爱沟通思维之"大不同"

思维方式不同：
男人想好再说，女人不想就说

这年头婚姻越来越难维持了，以前是七年才有一痒，而现在婚姻能撑过二年就要感谢前辈子的修德，如果能五年不变，大概就算是有缘了。

许多以离婚收场的怨偶，或是怪自己"遇人不淑、识人不清"，或是怪彼此"个性不合"，再或是声称"这不是我要的婚姻"，而无法继续生活。

其实，这些问题的背后都隐藏着这样一个根本的问题：沟通不畅。

不久前，小区一对"80后"小夫妻针对"咱们星期天到哪儿去玩儿"这么简单的一个问题，都搞得不欢而散。

周五晚上，老婆早早地收拾了碗筷，和老公一边吃水果一边聊天，天气预报正播报明天是好天气，老婆来了兴致，和老公商量着第二天一早去春游。

"老公，你带我去哪里玩呢？你好久没带我出去了。"这句话说得倒是没什么问题。

老公吸着烟，品着茶，想了两分钟，然后说了三个字："去香山。"而妻子一秒钟都没想，就说了三分钟："去颐和园！哎，咱们得有三年没去颐和园了吧！不，五年了！那回是咱们大学毕业前，你还记得吧？咱们一帮同学一块去的。你还在不准游泳的地方游泳，差点被罚了！不过，去颐和园就得划船，不划船多没劲呢！可是现在夏天游客这么多，根本租不到船。除非咱们一大早，刚开门就去！那可就得早起，你周六晚上还得看足球……要不然……"

老公一听就烦了，甩出一句话："你还有完没完了？要去你自己去，我不去了。"

妻子自然是不悦，愤怒地辩解："我这不是在和你商量吗？"

小两口就此争吵开来，结果哪里也没去成，美好的周末就用来怄气了。

其实真的没法说谁对谁错，问题就出在男人女人思维方式的差异上。经过科学家长期的研究和验证，男人和女人的思维方式是有区别的，女人的大脑思维方式是呈"扇形"思考的，用扇形思维方式来想问题的人，她的特点是：当她遇到一个问题的时候不会只想遇到的这个问题，会通过这个问题联想到别的许多问题。所以遇到一个问题就相当于遇到很多问题，然后就不知道应该怎么办了。因为一个人如果一下子遇到这么多问题是很难区分主次，从而全部解决好的。

男人的大脑思维方式是呈"梯形"思考的，用梯形思维方式来想问题的人，他的特点是：当他遇到一个问题的时候就只会想遇到的这个问题，不会联想到其他别的事。然后专心地想办法去解决这个问题。

试想，如果一个人在同一时间只遇到一个问题，然后去解决它容易些呢，还是一个人在同一时间遇到包括这个问题在内的许多问题，然后去解决它容易些？答案是显而易见的。

举例说明：

一对刚当上父母的小两口，自己的宝贝突然哭个不停。当妈妈抱着小宝贝的时候，她会手忙脚乱，想：这下可糟了，宝贝会不会一直哭到明天呢？如果宝贝哭的时候呛着了又怎么办呢？如果我带宝贝去医院路上会不会塞车呢？等等诸多问题。到最后，因为问题实在太多了，她就不知道应该先解决哪个问题了。当爸爸抱着小宝贝的时候，他不会多想，而是马上翻书：是什么原因导致宝贝哭呢？看一下书里有没有解决这个问题的办法，最后拿出实际的解决方案来。

男女思维方式的差异也同样可以用来解释为什么女人是感性动物，男人是理性动物。女人是感性的，所以她习惯想到哪说到哪，就像上述案例中的妻子那样，她在说话的同时，会把思考的过程也说出来。而男人是理性的，他们习惯想好了再说，只把结果说出来而省略了思考的过程，上述案例中的男人就是这样。

正是因为对彼此思维方式的不了解和不理解，男人会觉得女人啰唆、不可理喻，和她说话很累，还是清静点好。女人会觉得男人枯燥乏味，甚至有点不近人情。男女关系就这样拧巴起来。

如何协调这个矛盾呢？男女思维方式的区别是天生的，是没有办法改变的。如果靠后天人为的方式改变了，那么，男人就不是男人，女人也就不成为女人了。

当然，男女结合在一起组成一个家庭，就是因为男人和女人的思维方式要结合在一起才能起到互补的作用，才能有序地生活和发展下去。两者缺一不可啊。

只要我们明白男女思维方式的差异，学会换位思考，多点理解和谦和，就能超越思维方式不同这道鸿沟，在婚姻的红毯上轻歌曼舞。

沟通目的不同：
男人没事不说，女人想说就说

妻子A与丈夫B无缘无故地吵了一架。

话说吃完晚饭，妻子A千娇百媚地走过来，娇滴滴地对丈夫说："亲爱的，我有事和你说。"

丈夫B很积极，应声："好的，亲爱的。"

妻子A一看男友如此反应，乐得心里生出花来。她一把扯下围裙，跑卧室换了件性感的裙装，又跑梳妆台前擦了下口红，扭着腰肢往丈夫的脸上狠狠地亲了一下，丈夫有点小着急了，催促她："什么事啊，快说。"

妻子觉得丈夫不在状态，破坏了她的心情，噘着嘴说："没事。"

丈夫有点反感，语气严肃地问她："你真没事？"

妻子很气馁，不满意地说："真没事。"（实际上她也真的没事，只是兴致上来了想和老公撒个小娇而已。）

丈夫火气上来了，质问："没事你添什么乱？我这里还有一大堆事要和领导汇报呢。"

妻子很委屈，针尖对麦芒地吆喝："没事就不能和你说了？你和领导说话什么时候都有时间，和我闲聊几句总是没时间。"

丈夫感到气噎，觉得很烦，披了件外套走出房子打电话给哥们儿C说找地方喝点去。

此时在酒吧内，丈夫B喝了一口闷酒，他对哥们儿C咕哝了几句："喂，我问你一个很严肃的问题。"

C："什么问题？"

B："为什么女人总是没事找事？"

C："如果你把和我侃的时间花在和妻子交流上，恐怕她就不找事了。"

丈夫B觉得在理，的确是，每次妻子找他说事时，他总是很烦，因为每次都没什么大事。

而此时，妻子A在家里哭得梨花带雨，一把鼻涕两行泪地打电话给她的小姐妹D，她在电话中开始抱怨："我觉得他根本就不爱我！每次和他聊聊，他总是问我什么事，难道没事就不能和他说了吗，他又不是我上司。再说了，领导和下属有时候为了增进了解、加强交流还坐一起说说话呢。何况这个身边人呢？要是这样的话，两个人在一起还有什么意思呢……"

男人喜欢直奔主题，女人喜欢曲径通幽，这就决定了他们在沟通目的上存在很大的不同。男人喜欢就事论事，他们的交流比较有目的性，而女人重视的是过程，是交流本身。如果男人对女人说："咱们聊聊吧！"女人通常会很痛快地答应。而如果女人对男人说："咱们聊聊吧！"男人通常急于知道（虽然不一定说出来）要谈什么（什么主题），谈的目的是什么，要解决什么问题，要达到什么结果。如果既无主题，也没有目的，那么这"聊聊"的必要性就值得怀疑了。所以，通常女人开口和事无关，只是嘴里闲得慌，而男人开口必有事，他们不会说废话。

所以，同样一次夫妻间的交流，男人觉得既没有主题，也没出结果，没达到共识，没找到解决方案，好像是一次没有意义的对话。而女人则非常满意，因为她要的就是倾诉、表白、发泄。话说完了，她也就满足了。

男女沟通目的的差异，是由他们大脑的不同结构决定的。数千年来的演化，造成了男女大脑结构的差异。

请你想象几万年前的人类老祖宗们的生活情境：

母亲和小孩子守在洞穴中，他们在等待男人们猎鹿、羊、象等高蛋白质的大型动物回家。在等待的时间里，女性会利用空档采集洞穴附近的水果或野菜等富含纤维质、维生素的食物。

夜幕降临，男人们扛着一天的猎物回到洞穴。因为累了一天，他们就坐在岩石上看着烤食物的火堆发呆。妈妈们则是交头接耳、讨论育儿经……

数千年来，男人扮演的角色是"猎人"，猎人需要什么条件？在远处就能发现猎物且能准确地杀死猎物。当猎物逃命的时候要有够快的脚程才能追上它，当猎物垂死挣扎时能与它搏斗。而女人扮演的角色是"守候者"，守候的时间里她们有了填补空当打发时间的潜意识。

现在你知道为什么男人不喜欢逛街了——女人继承了"采集蔬果野菜"的天性，喜欢漫无目的地东看看西逛逛，而男人只想着快点把猎物带回家。所以女人几乎没有什么目的性，而男人的目的性很强。

当然，男人也会漫无目的地"侃大山"，但那是男人的事。有几个男人会跟妻子"侃大山"？

明白了这一点，下次当你的男人在沉默的时候，请不要用语言随便打扰他，他有可能在思考如何解决问题，也有可能当了一天的"猎人"累了。当他在读报时也是这样，女人应当明白当男人读报时，他们不能理会你说什么或不记得你在说什么，此时很难与男人交谈。

价值观念不同：
男人习惯掌控，女人喜欢聆听

有个男人对我说，他刚刚和他非常喜欢的女朋友分手了，分手的原因听起来很荒唐，因为他受不了女友和他讲话的方式。

我非常吃惊，问他，这种不是问题的问题竟能摧毁一段美好的爱情？虚伪了吧，是不是你移情别恋了？

男人信誓旦旦地说："我以人格担保，绝不是移情别恋，真的是我不喜欢她总是以那样的口吻和我说话。"

到底什么样的口吻这么有杀伤力？本来无心继续这个话题，现在我得深究一下了。

"她总是和我说'你听我给你讲'，这让我很烦，我讨厌女人对我指手画脚。那天她又这样对我说，我忍无可忍就制止了她，让她听我讲。她于是就觉得我找碴儿、挑剔、霸道、没耐心什么的。她非常生气，觉得随口而说的一句话我没必要发火，我们于是就分手了。如果所有的女人都喜欢让别人听她讲，那我宁愿这辈子打光棍！"

男人说得很决绝，我一开始有点不理解，但是想了想这个问题背后的问题，反而觉得真的不是他的错了。

在沟通心理上，男人和女人的价值观基础不同，男性更注重力量、能力、效率和成就，他们的自我价值是通过获得成就来体现的。男人被视为"问题的解决者"。若是他不能解决问题，那就表示他的能力不足，那会伤害他的自尊。所以他们最不愿意别人告诉他该如何做事，他没提出要求别人就主动去帮助他，是对他的不信任，更是一种冒犯，男性对此非常敏感。女人对他说："亲爱的，你听我给你讲。"这一句话到他脑子里会翻译成"你这没用的家伙，你根本什么都不懂，那就听我来给分析吧"。

当然，这样说的时候，女人自己是意识不到对于男人的侵犯的，因为女性重视感情、交流、美和分享，她们的自我价值是通过感觉和相处的好坏来定义的，她们花很多时间在相互帮助和相互安慰上。当别人谈话时，她们从来不提供答案，耐心地倾听别人的谈话和理解别人的感觉，是她们爱和尊重别人的表现。她们以为男人也这样，实际上，男人真的不是这样，而是截然相反。

所以，女人不要用命令或者支配的语言和口气与男人沟通。而我那个朋友的女朋友无疑没有做到这一点，她用命令和支配的语气和男友说话，势必激起男人内心的不满和敌意，于是就出现了裂痕。

遗憾的是，现在习惯说"你听我讲""我跟你说"的女孩子越来越多了，这可不是个好现象。

"男人刚，女人柔"，中国女人素来善良温柔，这种特点也体现在女性语言中。我们现代女性更应了解女性语言的特点，发挥女性语言的优势，从而更好地表达自己的想法也让自己更具魅力。平时和男性对话的时候，女性语言应注意以下特点：

1. 理解　人天生就有一种心理需求，希望得到别人理解。而女性比男性更富同情心，更善于体恤别人、和人进行心灵的沟通，以满足对方的心理需求。那些饱含深深理解的语言能格外打动人心。比如"老公，你需要我做什么吗？""你现在有时间听我说两句吗？"这些都让男人易于接受。

2. 温柔　温言细语、谦顺温和，是女性特有的语言风格，使人倍感亲切。有人说："女人不能弱，弱了被人欺。"因此出现了"泼辣妇"，说话比男人还粗鲁，这其实是舍弃了自身的优势，去追求劣势。

3. 含蓄　女人与男人交往宜含蓄不宜张扬，当你觉得爱人的观点或者主张不正确时，最好不要直白地指出来，可以含蓄地点到为止，等着他自我发现。

4. 多情　女性语言与男性语言的区别一般表现为：男性注重理，女性注重情。多情是女人的一大特点，也是女人语言的一大特点。饱含感情色彩的语言在人际交往中能唤起对方的情感，使双方产生感情上的共鸣，最终使双方关系更加紧密。用多情的女性语言同男人交流，会使爱情之花更加艳美；去安慰男人，会更容易产生抚慰对方心灵的效果；去激励男人，能使对方产生极大的进取心和力量。多情是女性语言的优势所在，充分发挥这种优势，能产生意想不到的力量。

内心诉求不同：
男人渴望理解，女人渴望爱

当年陈明真有一首歌风靡一时，歌名叫《我用自己的方式爱你》，这首歌至今仍是我去KTV的必点曲目。这首歌我之所以爱唱，是因为它旋律好听，但我并不赞同它的主张：用自己的方式去爱。

如果你玩的是暗恋，那未尝不可，如果用来经营婚姻，必败无疑。经常听很多怨妇喋喋不休地唠叨：我那么爱他，我不顾自己的辛苦，为他做了那么多，我处处为他着想，可他一点儿都不领情，愣说我不爱他。而那个狐狸精，什么都没有为他做，他却口口声声说她比我更爱他。我真是冤枉死了，我恨不得掏出心来给他看……

听这些比窦娥还冤的姐妹的血泪史，看着她们捶胸顿足恨不得把心挖给男人看的样子，我别提有多心疼了。可是，这又怪谁呢，是她们自己太笨了，所以才出力不讨好。

俗话说，来得早不如来得巧。同样，夫妻之间，做得多不如做得巧。你累死累活做得太多，结果做得不到位，那等于白做。

让一个男人领情的方法很简单，那就是理解他。因为男人最需要的是理解，而女人最需要的是疼爱。

美国一位婚姻研究学者曾对400位男士做过调查，让他们在以下两个选项中选择：

A. 独自一个，这个世界上没有人爱你。
B. 有人爱你，但每个人都不理解你。

调查结果是，这些男人中有 3/4 选择没人爱他的世界。一些男人更直接地表示："我宁愿娶一位理解我、尊重我但不爱我的妻子，也不愿意和爱我但不理解我还尊重我的妻子生活。"而相同的调查内容，女人的答案完全不同，如果一个妻子得知丈夫"尊重她但不爱她"，会觉得备受伤害。

这就是男女内心诉求之大不同。所以，爱一个女人，你只需要爱她就够了；爱一个男人，理解他就够了。

婚姻幸福的人对此深有体会，并将其奉为婚姻经营的准则之一。但真正懂得这一点的女人并不多，她们一厢情愿地以自己的方式对男人好，却很少考虑所给予的是不是对方需要的，结果往往事与愿违。

我认识一个成功女人，会说七种语言，普林斯顿大学毕业。她爱上了一个男人，他们同居了三年，她在事业上给予这个男人巨大的帮助，在生活上给予这个男人无尽的照顾。她倾其所有地对待这个男人，却没有换来这个男人对她最大的尊重——娶她，虽然这个男人对她也不错。

她的付出和恩情男人都心知肚明，也知恩图报，他说自己受不了这个"大女人"天天孜孜不倦的教诲，他情愿她懂得少一点，像个小女人一样依赖他。可她的学识、地位、秉性使得她根本做不到像一个普通女人那样"傻里傻气"。没办法，男人在外面和一个高中都没毕业的理解他、依赖他的"傻"女人有关系了。我们都鼓励这个会七种语言的"大女人"用每一种语言向这个男人表示她的伤心，让他回心转意。可是这个"大女人"一口拒绝，她强调她是个独立的人，没男人也可以对着墙说七种语言。就这样，"大女人"的男人就和小女人过甜蜜生活去了。

当今城市里，类似上面案例中的这个会七国语言的"白骨精"女性越来越多，可是她们在男人帮里并不受欢迎，其原因就在于她们过于强势，不善解人意，不理解男人的内心诉求，所以钱挣得再多，工作干得再出色，对男人再好也得不到男人的认可，感情也总是靠不了岸。

那么如何理解男人呢？男人这个"金星人"思维怪异，城府很深，又不爱表达，鬼知道他们心里在想些什么。

其实，对一个男人最高规格的理解就是尊重他。尊重是一个男人最深层次的价值需求。尊重丈夫就意味着不过度批评他、不侮辱他、不嘲笑他，抓住一切机会肯定他。如果你冒犯了对方，那么找一个适当机会及时道歉，以设法挽救过失，让他知道你后悔做了哪些事。

事实上，对于一个男人来说，你尊重他越多，他就会为你做得越多。在婚姻中，妻子并不需要通过命令达到自己的目的，只要给予丈夫足够的欣赏、尊重、感谢，他们便会乐于帮忙——这是男性的天性使然，被所爱的人尊重、肯定，是他们动力的源泉。

沟通方式不同：
男人靠"说"，女人靠"感"

先来看两个男女相处的小故事。

故事一：一对热恋中的小情侣在街头闲逛。

女人问："你想看那个××电影吗？"

男人："不想。"于是继续前行。

回到家里，女人抱怨说："你从来都这样，一点不关心我的感受，我想看那电影！"

男人："我说你怎么总是这样？！你想要什么能不能直说？！"

故事二：夫妻俩在家里静坐。

老公好久没去丈母娘家了，老婆想让他趁周末一起过去。
妻子这么说："老公，你明天有事吗？"
老公："没什么事。"
老婆："你好久没去我妈那里了。"
老公："是吗？"
老婆："我都去你妈那里了。"
老公："嗯。"
妻子沉不住气了，起身把门一摔，进卧室，插上门，在屋里生闷气……

类似的故事我可以再讲几百几千个，相信每个经历过两性关系的女人都有切身体会。两性之间的沟通常常出现问题，任凭我们如何变着法儿地说，那个死木头疙瘩就是不开窍，听不见我们内心的语言，逼得我们最后往往出言不逊"你怎么死活就不明白啊"或者"傻子都听出来我什么意思"！而男人把女人气得肺都要炸了还一头雾水，觉得女人不可理喻。

这一问题的症结就在于男女沟通方式的不同。男人的沟通主要靠说，女人的沟通主要靠感。男人有直爽的性格，有什么要求、有什么不满会直接说出来，不用拐弯抹角地绕来绕去等女人来猜。

女人则不同，她们有什么想法、有什么要求通常不直接说出来，而喜欢含沙射影地"点"给男人，企图男人根据她们的神情猜测她们语言背后的语言，能领悟她们隐藏的意思。有怨言她们也不习惯把不满立即发泄出来，很多时候是不想破坏感觉或者关系，多半会先采取容忍的态度。女人也不习惯用清晰明白的言语来表达情绪，女人会想：如果男人真的在乎，就能察觉到她的不满情绪，即使不说出来也该知道的。反之，如果男人不够真心，说出来有可能会有危机。

同样，在理解对方的语言上面，男女也有很大的不同，男人喜欢字面意思，女人理解靠字下意思。"我觉得你那样说就是不想买的意思。"我们都对男人说过这样的话，其实你觉得并不是男人的本意，女人心细如针，有些意思其实男人并没有那样想，可是女人平白无故地就感觉出来了，男人会觉得女人无理，不可理喻，遂发出"唯女子与小人为难养也"的哀叹。

更要命的是，每个人都认为自己的语言和行为模式是正常的，而对方"不正常"肯定是有某种原因的。女人倾向于认为男人不明白自己所想的是因为"他不够关心我"，男人倾向于认为真不知道女人到底在想什么，认为女人不直说是因为"她老想控制和改变我"，于是乎，每个人都熟悉的经典桥段出现了。

要解决这一对矛盾，恐怕我们女人所作的努力要大些，最好把自己的意思明确些。虽说懂你的人不说也懂，不懂你的人说了也不懂，但是你不说，神仙都难懂！所以我建议你即刻开始作以下调整。

1. 表里如一地和男人沟通

当你内在的想法与表达出来的信息一致时，一方面可能让你照顾到自己内在的需求，不会委屈、压抑情绪或有戴面具的感觉，另一方面让男人知道你到底要什么，才能重视你的问题。这样的沟通才能顾及双方感受。例如，有些女人表面上回答："没关系、都可以、看你想怎么做"，实际上内心另有其他想法。

2. 把自己的态度具体化

说话者要尽可能地把自己的感受与期待清晰明确地表达出来，简单、具体、明确能让对方抓住你要表达的重点。

每个人的内在状态有如水面下的冰山，并不容易让别人了解，除非你愿意表达出来，告诉配偶你的内在感受、观点、期待、渴望与需求，能让配偶了解你的内在状态。

许多人习惯于表达看法，但只停留在表面的事件讨论及问题解决，很少把真正的感受表达出来，而表达感受是让对方了解你的重点。

3. 多用正向的语意

例如，"记得把用过的杯子拿到厨房放好"就比"每次喝完开水，杯子总是乱放"这样的沟通来得好。

解压方式不同：
女人喜欢倾诉，男人喜欢发呆

男女之间的争执，往往是因男人的沉默和女人的任性而引起的。

男人拧着眉头闷声不响，女人在一旁或哭泣或吵闹，任性得有点不讲道理。电视里、生活中，不难看到这样的场面。

张小姐在单位被同事"扎针"了，受了一肚子窝囊气，非一般郁闷。好歹熬到下班了，刚出了电梯，就急忙找了块空地掏出电话和小姐妹唠叨了一番，骂了骂老板，损了损同事，心中的窝囊气顿时消了2/3，还留着1/3等着回家给老公说说去。

张小姐气哄哄地回到家，往沙发上一瘫，等候丈夫的到来，好一吐为快。

可是一等再等，迟迟不见老公的身影，张小姐憋不住了，就给老公打了个电话，谁知道老公竟然在健身房里流汗。

张小姐气坏了，责怪老公："我烦死啦，你根本就不心疼我。连个说话的都没有。今天根本就不是你健身的时间！"

老公耐心地解释："亲爱的，我工作上出了点问题，不想把坏情绪带回家哦。"

张小姐听了火气更大了，跟老公喊开了："你根本就不信任我，根本不把我当自家人，有问题不和我说，偏跑到健身房去发泄，鬼才信呢，鬼知道你去哪里了呢，没准儿找红颜知己诉说呢……"

被老婆训了一通，本来已经准备好回去的马先生很是懊恼，没有回家，而是到咖啡厅一个人静坐、发呆。

在面对心事和处理压力的问题上，男人和女人就是不同，男人有心事一般都藏在心里，自己内化。而女人，比如在单位遇到不开心的事情，或者等公交车的时候被一个陌生人踩了一下这样的小事都藏不住，需要回到家里噼里啪啦地找人倾诉，哪怕对象是自己钟爱的洋娃娃。她们需要的，只是一个倾听者。

女人的方式很简单：说出来就好了，而且说的对象大抵是自己信得过的人，最经常的是自己的爱人。说给爱人听，一方面是满足了倾诉的欲望，疏通了不快的情绪，另外还可以在情感上得到慰藉，渴望爱人的安慰和亲昵。男人的一个亲吻，一个鼓励的眼神，一句贴心的话，一个温柔的抚摸，都能让愁云散尽，心生欢喜。

而男人的沉默也不是罪，而是自然习性。男人在受伤后是洞穴动物，他们是猎人的后代，天生独断自信，拒绝沟通。当承受压力或受挫后，他们的思维就走进了一个"洞穴"，在"洞穴"里独立思考，其他的一切都视而不见。那时候，安静或者剧烈的运动对他们来说更有安心效果。很多男人心烦意乱的时候跑去打球或者运动就是这个原因。这也是两百年来各式各样的球赛、赛车等运动发展蓬勃的原因：男人必须找个出口。别怪他如此疯狂，那是他的本能，没办法。

所以，女人应该明白男人，如果他不说话，那表示他在想事情，不是他对你冷淡。这时候，一个善解人意的女人应该体谅男人，而不是走上去打扰男人，对着男人就是一番唠叨。此时，女人应该做一个贤妻，比如给男人递上一杯热茶，这种关爱就是对男人最大的理解及支持。千万不要对他发起连珠炮似的发问,"你是哑巴吗?为什么我说十句换不来你一句?"

一般而言,男人的突然沉默通常是受了创伤或压力,他想独自解决问题,女人此时想用自己的方法支持他,反而会取得相反的效果,甚至争吵和引发婚姻的危机。

如何支持正承受压力的沉默中的男人呢?下面提供几种方法以供参考。

1. 不要反对他想独处的需求

婚姻中的女人是相当敏感的。她们希望男人能够保持恋爱时的热度,与他"心心相印""形影相随"。当男人沉默、想独处时,女人感觉受到了很大的伤害。因此,大多数女人都会反对男人的这一需求。但如果女人真正想帮助男人的话,请不要反对他的这一需求,因为这是男人正常的需求。这就像你不开心的时候喜欢逛街和吃东西一样。

2. 不要以问他感觉的方式来帮助他

男人一沉默,女人就感到害怕,不知道发生了什么事。女人的天性促使她关心所爱的人,她小心地询问他是否哪里不舒服,为什么不高兴,单位里出了什么事等。但这样做的结果并不能帮助男人解决他的问题。他最需要的是一个人静静地待一会儿,他不愿意女人在那里不断地"唠叨"。这时,女人的好心往往得不到好报。因此最明智的方法是不要问他的感觉,把心暂且放到肚子里,由他去吧。

3. 不要担心他或总是与他形影不离

男人沉默时,女人觉得有责任帮助他。当男人不能坦诚地说出自己的问题时,女人则倾向于把问题看得很严重。她对他感到非常担心,除了在生活方面无微不至地关心外,还与他形影不离,希望在男人需要帮助时,她能够在他的身边。但女人这样做的结果,可能使男人正常的处理问题的方式受阻。一些男人面对娇妻的爱心感到很愧疚,从而回到女人的身旁。但这不利于问题的解决，不久女人就又会发现，男人又开始沉默。一般而言，女人的干预会延长男人解决问题的时间。因此，女人在男人沉默时不要过分地担心他，相信他会将一切处理好的。

4. 做一些使你自己高兴的事

不要把男人当成爱的唯一来源，这样会使男人喘不过气来。通常情况下，女人很难做到这一点，女人觉得，当你所爱的人难过时，你也不应快乐。因为在女人的观念当中，感同身受是她们关心及爱护人的方式。但这一点不适用男人，他需要独处，需要空间，他不希望女人打扰他、烦他或关心他。当女人没有因他的沉默处罚他而且很快乐的时候，他感到很欣慰，她的快乐就足可以使男人感觉到她的爱。

中 篇

会说话才是好女人，永远不会"被伤心"
—— 男女沟通有禁令，聪明女人不会踩线

第四章

恋爱时,会说话的女人是超级小甜心

不要逼问他的情史

有那么一句话:女人都希望成为男人的最后一个女人,男人都希望成为女人的第一个男人。

而现实是:大多数女人不是男人的最后一个女人,而女人的第一个男人也只有一个!

于是就出现了这种情形,恋爱中的男女往往互相拷问"喂,你以前谈过几次恋爱?""他(她)比我好吗?"。

问这种问题的以女生居多,我曾见过霸道一点的女生会拧着男人的耳朵刑讯逼供,问他和前女友到底发展到哪一步了。

静言最近老喝闷酒,原因是他的女友总是不厌其烦地摇着他的脑袋追问"以前的女朋友比我漂亮吗?""你们为什么分手?""她好还是我好?"

这样的问题让静言不知如何回答,无论作何回答,总是免不了一场战争。回答"不好",女友在一旁冷嘲热讽:"看你什么水准,竟然爱上这种女孩。"回答"好",那更是像不小心捅了马蜂窝,女友会闹得天翻地覆:"她好你怎么不找她去?和我在一起干什么?是魅力不够吧。被甩了。"

后来静言索性保持沉默，可这依然不行，女友会责怪他不坦诚，在一旁胡乱猜测，质问"你们之间发生了什么？发展到哪一步？你不会是个不负责任的胆小鬼吧，占了人家便宜把人家甩了"。

这样的问题让静言烦不胜烦，他甚至开始回避和女友的约会。

在每个恋人的心底，有几根神经是不能"碰"的，一些你认为是为对方好的几句话，却很可能刺伤他的自尊心。在恋人心底不能触碰的"雷区"中，首要的一个就是不要追问他的情史。

所有够聪明的女人都不会如此问自己的情人：

"你以前的女朋友怎么样？"

"她是不是比我漂亮？"

"是她对你好，还是我对你好？"

"我们俩你更爱谁？"

……

多么愚笨又无聊的问话啊！干吗要问这些无聊的问题呢？都是过去的事了，说得具体了你受不了，说得模糊了你又在脑子里打问号。你有没有想过，这样做的结果会是什么呢？是你自己在努力地为自己制造情敌。情敌原本不存在，顶多只是一段风干的记忆，而你刻意的呼唤反而激活了那段沉睡的旧情，让它一天天地鲜活起来。和一个模糊的背影攀比来攀比去，有意义吗？

就像我们先前说的那样，你不可能要求你的爱人没有过去，因为你也不敢保证你是一个没有过去的人，既然如此，你又何必苦苦追寻对方的过去呢？知道了你会不高兴，不回答你同样不高兴，那何不"让过去的过去"，你是他的现在与将来，你又何必计较那么多呢？反正"得不到的最好"，你也就大可放心，别再与人的回忆争风吃醋了。

再者，水至清则无鱼，你不妨来点阿Q精神，这样想：你过去的她再好，也不过是为我服务的，她的出现丰富了我所爱的这个人的人生，让爱人的生命更丰盈,这是一件好事啊。

所以,想开开心心地谈情说爱,就得有大气度,明白"得不到的最好",知道"让过去的过去",从现在往以后看。

当然,旧情史毕竟存在过,在每个人的心里都会留下痕迹。如何处理情人的旧情事呢,你要注意以下几方面。

1. 男人不说,你就不问 旧情无论是浪漫还是坎坷,过去了,就是爱断情伤,没有人乐意天天舔伤口,既然这样,你就没必要去撕裂原本愈合的创伤。

2. 酸枣不可以吃太多 如果他最近对你有冷淡的苗头,你也可以利用自己的旧情来酸他一下,给他制造点危机感。不过,玩这个游戏要收放自如,别玩砸了。

3. 不拿旧情当挡箭牌 有的女人做错了事,遭爱人批评的时候,为了替自己开脱责任,求得对方原谅,会搬出他的前科:"哼,你都和以前女友发展到那种关系了,我都原谅你,你今天怎么对我的?"一开始的时候男人会觉得理亏而沉默,时间长了,不仅不见效,还会让他感觉你喜欢折磨他,对你渐渐生厌。

不要随意晾晒你的"私情"

美国有一个叫"I've been lying to my lover"(我曾对爱人撒谎)的电视节目,很受欢迎,观众纷纷要求上节目自曝隐私:私生子、脚踏两只船、外遇、酗酒……

这些人为什么要以这种方式坦白自己"撒谎的历史"呢?一方面是因为

美国人崇尚诚信，他们在骨子里不能容忍自己的欺骗行为，因此，找个机会说出真话，也算是自我救赎的一种途径。另一方面，聪明的美国人知道，这些话永远都不能对爱人讲，讲了，日子就过不下去了。

生活在这个花花世界，外面的诱惑很多，要经得起诱惑，耐得住寂寞，千万不要留恋它，不要去追寻它，更不要告诉你的爱人。如果把这事告诉你的爱人，很可能会对他造成伤害，使你们本来幸福的爱情或美满的家庭就此解体。即便对方经过你的解释当时原谅了你，但这件事在你们今后的生活中将成为永远抹不去的阴影，随时都会跳出来成为你们吵架的理由。因为爱情是自私的。

那作为婚恋状态中的我们，又该如何面对男人的不纯净呢？

1. 难得糊涂 对感情执着、认真不是坏事，但凡事太过较真儿，两个人总是在一些鸡毛蒜皮的问题上纠缠不清、锱铢必较，这样的感情生活也实在无趣得很。谁愿意一开口就被人驳斥？一出门就被盘查？有时候他说了让你猜测的话，做了让你狐疑的事，只要不是大是大非的问题，你完全可以当个玩笑，一笑置之。

2. 享受善意的谎言 英文中有个说法叫"white lie"，意思指无伤大雅的、无害的、善意的谎话。如果你对自己的身材不满意而男人却说"蛮好的"，你大可不必指责他"撒谎"；同样，如果他对着你抱怨自己的肚腩又膨胀了一圈，你可以告诉他："亲爱的，在我眼中你永远是个小帅哥。"类似这些可爱的谎言，简直就是爱的宣言。

3. 含沙射影，点到为止 发现他不好的苗头，你可以旁敲侧击，可以暗示，也可以明示，但切记点到为止。适当的时候你甚至可以耍点小聪明："你做了些什么，不要以为我不知道。我知道你肚子里有几根花花肠子。我不说破，是给你留面子。嘿嘿，你要是欺骗了我，甭怪我不客气咯。"赤裸裸的威胁与无微不至的关怀相结合，料他也逃不出你的天罗地网。但记住：这种话只能说一次，说多了就没有威力了。

4. 看淡些，想开些 就算他真的欺骗了你，那又能怎么样呢？天不会塌下来，不要乱打乱闹。如果他欺骗你纯粹是因为他自己品质不良，你就无须为此寝食难安；如果他是一时糊涂，且已经意识到自己的错误，你不追究、不痛打落水狗的宽容将是拯救他的天使的歌声。

别说"我以前的男朋友比你对我好多了"

莎莎半年前和年龄相仿的前男友分手，后来一气之下找了个比自己大几岁的男友，因为前男友老是和自己吵架，索性找个大自己几岁的，处处让着自己的。新男友各方面都很合适，能给她安全感，经济条件也很好。

当然，也有美中不足的地方，就是现在的男友工作太忙，经常出差，陪她的时间自然没有前男友多。不过，男友还是时刻把她放在心上的，有空没空总是给她打电话，随时汇报自己的行踪。

星期六晚上，男友出差刚回来，莎莎很开心，男友已经很累了，可是莎莎却高兴得睡不着，兴致勃勃地策划周日的娱乐行程。

莎莎："明天你带我逛街好不好？"

男友："好。"

莎莎："你明天带我吃必胜客好不好？"

男友："好。"

莎莎："你明天晚上陪我看电影好不好？"

男友显然累了，说："明天再说明天的事行吗？"

莎莎继续撒娇："不行。"

男友没再陪着她腻歪，他实在累了。莎莎就把嘴巴贴在男友的耳朵根上，说什么你不在乎我，你对我没耐心，你不会甜言蜜语等等，这些抱怨男友都当作没听见也没放在心上。看男友不理自己，莎莎很是失望，她决定用一剂猛药，于是掏出手机，坐在床上，一边翻通信录一边自言自语："唉，还是原来的他对我好，都是等我睡着了他才睡呢，我什么时候有心情他都会陪着我说话。"

莎莎本想用这样的话把这个男人激活，没想到把他激怒了，当莎莎说出这些话的时候，男友条件反射一样从床上跳起来，瞪着大眼睛冲她嚷嚷："是，我没他年轻，不如他精力旺盛，没他会甜言蜜语，不如他会陪你，那你找他去啊？干吗跟着我？！"

莎莎吓坏了，交往几个月来，这是男友第一次对她发火，要命的是，她并不知道自己错在哪里，用仅仅自己能听得见的声音嘟囔："本来就是嘛。"然后自己跑到另一个房间去睡了，男友也没有再吱声，只是第二天早上留给她一张字条，说："我走了，留给你充分的时间考虑，我好还是你以前的他好。"

莎莎一下子傻眼了，她压根儿没有料想到自己无意识的牢骚竟然打翻了一个男人的醋坛子，局面竟然严重失控。

有的女孩或许是为了显摆自己以前有多风光、多迷人，会自觉不自觉地在现任男友面前炫耀前男友对自己的千娇万宠，尤其是在生气的时候，往往搬出前任男友对自己的种种好处来刺激现任，试图激发他的上进心，利用竞争机制，让新情人和旧情人赛跑，对自己更好。傻瓜，你的小算盘这回可打错了，没有哪个男人希望这样被对比，你这样做无异于往猎人的心口插了一把匕首，不但丝毫起不到激励的效果，反而只能是激怒他，让他变成一头愤怒的狮子，对你咆哮，让他破罐子破摔，真是悲剧啊！

男人的尊严是不可任由你践踏的，即使再爱你的男人，也受不了这个。一个正常的男人从你这句话里可以快速领会到以下几个信息：

放弃——人格高尚的男人会这样想，哦，爱一个人她能幸福就够了，既然他比我好，那我就成全你们吧。你去奔他去吧。我撤！

犯贱——他好你干吗不找他，还要跟着我啊，你这不是犯贱吗？

绿帽子——好啊，原来这么久了，你还是没有忘记他，你心里还是在想他，活在这个男人的阴影下，这比戴绿帽子还难以忍受。

不尊重——如果你爱我，是绝对不会这样伤害我的自尊的，你根本就无视我的存在和付出，你根本就没有接受我，不在乎我们的关系，你是在玩弄我的感情啊。

心中一旦有了这些负面信息，这个男人还能好好爱你吗？心眼小一点儿的还有可能因此报复你呢。

爱你的会因此而放弃你，不爱你的会因此而伤害你，你说你说这句话何苦来着？

不要把"孔方兄"挂在嘴上

那天应邀在南锣鼓巷和好久不见的某朋友小坐，席间，他收到一则短信息，我不是个喜欢窥探别人隐私的人，可是他却主动念给我听：对不起，我不该拿金钱考验你对我的爱情。

听得我有点晕。这可是个对女人出手相当阔绰的花花公子，其名言就是"舍不得孩子套不住狼，舍不得花钱钓不到美女"。啥时候他也在乎女人盯着他的钱袋了？

朋友燃起一支烟，主动讲述了这个和金钱有关的爱情故事。

我和娜娜相处有几个月了，其实我一开始并没安好心，觉得她和我以前那些女朋友一样，大家各取所需罢了，可是慢慢地我对她来了电，她的个性很吸引我。

但有一点我受不了她，如果没有这一点，我真的动了娶了她的心思。

这一点就是娜娜喜欢用金钱来考验一个男人对她的爱。

我和娜娜是在很偶然的机会里相识的，我并没有告诉她我很有钱，我不喜欢一个盯住我钱包而靠近我的女人。

娜娜总是告诉我说"金钱不代表爱情，却是表达爱情的一种方式"。她总是要我带她逛最高档的商场，在奢侈品专柜前流连忘返；让我带她去最浪漫的地方旅行，享受我无微不至的照顾，哪怕一根冰棍儿她都很挑剔。

当然我现在才知道，她并不是个贪婪的女孩子，但是她的做法的确让我很不舒服。我不喜欢一个总是考验我的女人，更不喜欢一个总是拿金钱来考验我的女人。

我和这位朋友在很多事情上都是不同立场和观点的，对他的作风也很反感，但在拿金钱考验爱情这个问题上，我们史无前例地达成了一致意见，我强烈地响应他：勿以金钱考验爱情。

当然，我这个朋友并不是那么寒酸，他在市中心最高的那栋商务楼有整层的办公间。这个并不贪婪的女孩、自以为是的女孩，硬是把一个多金、浪子回头的男人从身边推走，葬送了到手的幸福。

没有什么比拿金钱考验爱情更傻的事情了。现代的女人常常说，爱情要通过物质来表现和实现。

无论你仅仅是想拿金钱考验爱情，还是你果真就是冲着金钱来的，无论你出于何种意图，你都不应该如此露骨。

即便是有钱的男人，他也会想，我千辛万苦赚来的豪宅名车，凭什么一夜之间让你享受，你能为我提供什么价值？！

男人也会找相应值的女人，这里有一个公平交换的原则，即使你再年轻、再漂亮、再温柔，他还是会想，你有90%是冲着我的钱来的。在与女人的交往中，男人最大的收获是学会了逆向思维。从某种程度看，女人与男人互为老师，一点不夸张。

所以，身为女人应该保留一些含蓄，不要让男人一眼就看到你的底。一旦男人看到你想吃他、用他、拿他，唯独不爱他，他会愤怒得像只狮子。

再者，通过金钱考验来的爱情往往是不可靠的。

用金钱换来的感情并不是爱情，只是简单的类如原始社会般的物物交换罢了。思索一下这些，你还会在爱和舍得花钱之间直接画等号吗？

诚然，爱与钱无疑均是世间的至大美丽，这个世界上的莫大幸福当然是左手有爱右手有钱，但无论如何不要将它们赤裸裸地捆绑在一起。

明智的做法是通过一个男人的行为来判断男人的爱与不爱。我可以告诉你，购物是很好的爱情试纸。观察一个男人和你逛街的行为，可以看出这个男人真实的面目，从而预测到他和你的将来。

如果一个男人不主动帮你拎包，别指望他在热恋过后还会对你无微不至。如果他小家子气地干涉你买这买那，别相信将来他会尊重你的自由。如果他答应陪你却又表现得非常不耐烦，他可能是个表里不一的人。要不然他干脆说对逛街没兴趣，跟你约待会儿见。

如果他也爱逛街，你陪他逛男装店时他如鱼得水，他陪你逛女装店时则企图敷衍催促，使你很尴尬，那保证他是个自私自利的男人。

如果他想要你掏腰包帮他买东西，或跟你借钱买东西可是总忘了还，我想将来你们的冲突一定出在金钱上，他必是赖皮鬼。这种状况在现实生活中常常发生，可惜女孩们常告诉自己爱的重要，没关系，殊不知金钱观是会影响爱情前途的。

是你追的我，又不是我追的你

《非诚勿扰2》中，有一个镜头我至今记忆犹新，有一句话特别触动心弦：沙滩上，笑笑对秦奋彻底摊牌，说爱不上他。秦奋顿时像泄气的皮球，于是乎从沙滩上爬起来，拍拍手上的沙粒，垂头丧气地说："谁动感情谁TM完蛋。"

男欢女爱，总是这样，先动情的爱得深的投入多的，总是处于被动的局面。在男女关系中，我发现一个非常普遍的现象，这种情况最经常出现在男追女的爱情模式中，几乎80%的女孩子都说过这样的话："谁让你追我呢？是你追的我又不是我追的你。"在男人看来，这是从女人口中说出的最典型的最不中听、气死人不眨眼的话。它的杀伤力指数是相当高的。

冰儿是个非常漂亮的女孩，从小学到大学，她都是校园广播站的美女广播员，从来不乏追求者，当时憨厚老实的军通过旷日持久的努力，经受了冰儿的各种考验，终于赢得了冰儿的心。

冰儿知道，其他男孩子贪图的是她的美貌，而只有军是实心实意地对待她。

得到了冰儿的接纳和认可，军觉得是上苍对他最大的厚爱，如获至宝，把冰儿像仙女儿一样供奉着，为冰儿做牛做马都愿意。

可惜的是，冰儿呢，或许是从小到大被赞美惯了，被人宠爱惯了，头脑里有种"美女思维"：我是美女，你就得听我的。其信仰就是：耍性子是我的习惯，发脾气是我的自由，不理人是我的专长。

每次冰儿无理取闹，军都是依着她，让着她。可是慢慢地这成了一种定式，冰儿步步紧逼，军一退再退，直到有一天，把军逼到了悬崖边上。

春节放假了，军想把冰儿带回老家给父母看。因为军的家在农村，父母观念保守，而冰儿可是个潮女哦，所以回家之前，军千叮咛万嘱咐冰儿要打扮得朴实一些，增强亲和力。

冰儿美惯了，又是过年，她有点接受不了，但还是听从了一些劝告，烟熏妆是不化了，头发颜色也调回来了，但最后在穿什么鞋子回去的问题上，两人发生了争执。军说老家是土路，旅途奔波，不建议冰儿穿高跟鞋，但可以带一双备用，冰儿死活不听，非要穿高跟鞋回去。

军也是心疼她，说："美重要还是舒服重要？"

冰儿没心没肺地甩出一句话："我就是爱美，不要命。"

军争执不过，气不过说了她一句："不可理喻。"

这话冰儿可是不爱听，她不讲理起来，冲着军嚷嚷："是你追的我，又不是我追的你。"

军也气了，说："都怪我当初瞎了眼。"

冰儿说得更过分："你自己瞎了眼别对我说，是你妈生的你，回家找你妈算账去！"

两人就这样不欢而散，各回各的家，回来后尽管两人都意识到自己的错误，但关系再也恢复不到从前。军说冰儿的那句话唤起了他内心深处的自卑，让他感到不安，尽管他依旧很爱她，但总是无法释然地和她相处，觉得她高不可攀，他不可能带着这种不安过一辈子。

而冰儿，再也找不到像军那样对她好的人了。

任何权力一旦被滥用，其结局定然不好，像冰儿就是个仗着自己漂亮滥用被爱的权力的女孩。一个有修养的女孩子，应该珍惜每一个对自己付出真心的男子。任何一份真爱，都是难能可贵的，都是人间至宝。

"谁让你追我的？"

"是你追的我，又不是我追的你。"

这两句话任何一个男人听了都会心里不舒服，一开始他碍于面子，或者屈于爱情，会不计较，但你使用的频率高了，当成逼迫男人的法宝，任何一个有尊严的男人都容不得你这样。

茫茫人海，人家看上咱，那是咱的缘分。生活碌碌，人家舍得花时间费精力对咱好，那是咱的福分。人家当初放下尊严苦苦追求，那是出于情分，没想到却被你利用作为欺压他的工具和嘲笑他的资本，成了你手里百玩不厌的撒泼耍赖蛮横无理的小辫子，谁人能不伤心？

你既然如此践踏人家的尊严和爱情，人家何苦在你这里流连？

你一定要清楚地知道，追你的他绝不是一个没有人爱的男孩，他只是想把握自己心里的爱，因为他是认真对待爱情的人。而被追的你也不是完美的女神，也许对别的所有人而言，你就是一个很普通的人，可是对他来说，就算你有那么多的缺点，他还是选择了你。

所以女孩请珍惜主动追你的男孩，他的勇气、他的执着、他的善良、他的勇敢、他的坚持，这些优秀的品质难道不值得你珍惜？过了这个村或许就没这店了，也许你一辈子也不会再遇到这样为你付出的男子，也许你是他第一个也是最后一个愿意放下尊严去追求的女子。所以，请珍惜他、善待他。

你以前对我比现在好多了

咪咪感冒了，从单位请了假，回家躺在床上，特难受，多想男朋友能陪伴自己啊，生病的时候，有人陪在身边，立马病痛就减轻了许多。于是她发短信给男友让他回来陪护。

男友回复："亲，老总安排我今晚和他去见一客户，你自己先照顾下自己。"

咪咪心里有点失落，想当初，就是例假那点事，男友知道了，尚且心疼得不得了，下着大雨请假往家奔，真是今非昔比了。唉，俺娘说得真没错，男追女，总是收到囤里就不是粮食了。

晚上，男友终于回来了，还带了咪咪爱吃的比萨，给她煮了粥，咪咪吃了后，卧床休息，男友忙着写计划。

咪咪该吃药了，让男友给倒水，男友毫不含糊地奉命行事。

咪咪一尝觉得水有些烫，让他再加点凉开水过来。男友正忙着呢，对她说："你等会儿吧。"

咪咪不乐意了，开始哭诉："这么烫的水我怎么吃药？病不在你身上你自己不觉得对吧？"

想当初，刚被追那会儿，真是要风有风要雨有雨，每次生病，他都寸步不离、嘘寒问暖，还给自己喂水呢。现在主动要都要不来那待遇了。

咪咪越想越伤心，终于忍不住哭了起来，男友觉得咪咪不可理喻，平白无故哭什么？他不知道自己哪里做错了，心里也郁闷极了。

和咪咪一样，每个女人都这样控诉过自己的男人：
当初追我的时候，想方设法哄我开心。
当初追我的时候，我让你干什么你都愿意。
当初追我的时候，在我家楼下等我一个小时也愿意。
当初追我的时候，你上赶着给我下跪，拉都拉不住。
而现在，让你陪着散会儿步你都不乐意，不是忙就是累。打发叫花子都比这有耐心，说，你是不是不爱我了？

女人，总是改不了爱攀比的毛病，自己和别人比，和男人比，有时候还自己和自己比，还总是拿现在和从前比。比着比着就比出差距来了，在女人看来，爱得不够才借口多多。男人之所以出现不好使唤的情况，肯定是不爱咱了。

殊不知，谈恋爱不是开演唱会，开完一场又一场，场场爆满，高潮迭起。在爱情刚开始发生的时候，每个人都做过那么几件疯狂的事儿，恨不得上刀山下火海，可这种激情洋溢的状态不会持续太久。过了热恋时期，男人渐渐不再挖空心思去讨好迎合女人，或许表现得有点沉默、有点冷漠。

女人往往会对激情过后的平淡无味忐忑不安，开始摆出重新审视推敲的姿态，变得更加患得患失。于是就开始变着法地找碴儿了，做出一些稀奇古怪的行为。比如任性，发脾气，不讲理，胡搅蛮缠，甚至玩消失。

其实各种各样的碴儿，都是为了验证男人的爱情热度。女人任性，是因为她喜欢猜测男人的心思。或许她只是因为没有安全感，潜意识里想引起他的注意，渴望他更多的关爱和呵护，试探自己在他心目中的分量。男人应该明白，女人只有在爱一个男人的时候才会毫无顾忌又不可遏制地表现出她的任性，其实是她对男人情意的一种表达方式。大多数女子都能在爱人面前把任性运用自如，一般情况下，大多数男人也都会容许这种可爱多过刁蛮的行为。

而女人的一些近似孩子气的做法，让男人觉得不可理喻难以捉摸。于是，女人的委屈和眼泪，因为没有言语的劝慰而草草地孤独收场。而女人心里面的芥蒂可能就因此开始生根滋长。两个人之间的裂痕不断扩大，男人沉默着，束手无策；女人哭泣着，无理取闹。结果，女人越任性，男人越沉默；男人越是沉默，女人就更加任性。如此反复，恶性循环。

作为女人，你应该知道，任性有时候是撒娇，是娇蛮可爱的憨态；但如果超越了男人的心理承受力或者刚好在他疲倦不堪的时候，只会招来他的厌烦。你有没有试着改变一下，把"你以前比现在对我好多了"换成"你会比现在做得更好吗"，这比你撒泼更有效果。

其实男人也应该知道，女人可能只是需要一时的安慰。请在她任性的时候拿出认真的姿态。一句甜蜜的情话或许就可以消除女人心里固执已久的误会，几个温柔的笑容或许就可以挽回她开始腻烦的心。即使她第一百次突发奇想般地问你"爱我吗"，也要给她一个不厌其烦肯定的答复。她的问题只是因爱你且希望得到你的爱而发。

可是，为什么许多人总是懒得或者忘记再去理解阅读伴侣的心，而让爱情不了了之，走上终结？

这个问题，男人女人都要考虑。其实，只要双方肯各退让一步：爱，依然如故；情，依然海阔天空。

别把分手当润唇膏使用，男人不是吓大的

假如你正在谈恋爱，假如和你谈恋爱的那个坏小子总是惹你生气，你也不要习惯性地把"分手"挂在嘴边，因为恋情会按照你经常说的方向发展。

园园是个大学三年级的学生，一入学她就遇到了自己心目中的白马王子。两个人学习上互相鼓励，生活上互相照顾，都是品学兼优的好学生，感情很是顺利。可是最近，两个人突然就分手了。

当然，事出有因，园园近期忙于备战出国考试，学习累，不知不觉养成了爱抱怨的毛病，总是唠叨没时间谈恋爱，动不动就跟男朋友说"我们分手吧"。

园园这样说当然不是真心的，只是说着玩而已。一开始男友也没有介意，只当园园情绪的一种发泄罢了。可是时间长了，园园总这样说，男友就开始内疚起来，怀疑自己的存在确实给园园的学习造成了不好的影响。

为了不拖园园的后腿，男友真的响应了她分手的号召，选择了离开。

这下子园园慌了，陷入了不能自拔的境地，根本没心思学习，陷入了失恋的泥沼。她想把男友重新找回来，可是爱情这东西就是这样，一旦放下，就很难重新拾起来，坏小子死活不吃她这根"回头草"。

这个故事让我想起了一条很美的短信：能牵手的时候，请不要只是肩并肩；能拥抱的时候，请不要只是手牵手；能在一起的时候，请不要轻易分开。

是啊，缘分是多么美妙的一件事情，它让两个原本陌生的人渐渐相识、相知，然后相恋。从此孤独的人生路上有了一人陪伴，从此路灯下映照的不再是你独自拉长的影子。人是容易寂寞的群居动物，有了爱人的人生变得那么的丰富多彩。对于这些生命中的美好，我们要珍惜。

年少时，我自认不是温柔似水的女生，而且偶尔爱搞一些恶作剧什么的，喜欢逗逗男朋友，让他着急一番，看他微嗔的样子绝对是种享受，然后再撒娇耍赖般地给他说好话，直到看到他爱恨交加、咬牙切齿。

不过，不管生气也好，逗趣也好，我是坚决抵制动不动就把"分手"两字挂在嘴边的。

爱的风雨路上，赌气、吵架是很正常的，偶尔两三天不说话，晾一下对方，也算是热情高涨中的一种冷静方式。但是，聪明的人应该懂得把握度，绝对不能一意孤行。口无遮拦乃是恋爱大忌；"分手"二字虽短，但分量极重。

也许你故意拿分手来考验你的爱人，而对方每次听你说分手的时候，也会极为配合地极力挽留，好言相劝，甚至于痛哭流涕，而你也恰恰陶醉于这样的挽留之中不能自拔。但是，当有一天你又一次说出"分手"两个字，你会发现你的爱人不再像从前那样过来哄你而是说"好的"的时候，任性的你可有一丝后悔和难过？听说过审美疲劳没有？欣赏美的东西尚且感到疲劳，更何况总是让别人绞尽脑汁挖空心思想出甜言蜜语来哄你而最终导致心力交瘁的事情呢？

也许你一气之下出口，自己不觉什么，等到怨气渐消，方知已经物是人非，已不是你可以掌握的境地。本是一句气话，却落得人去楼空，岂不呜呼哀哉？

所以，如果你还不打算放弃这段感情，就不要把"分手"作为生气时候的口头禅，而应该学会控制自己的小脾气。甜美的爱情不是唬出来的，而是珍惜出来的。即便是有情绪、有怨言，你也要学会温柔地欺负他。你该怎么约束自己呢？

1. 摸清自己的情绪规律

每个月女人都会有一两次比较严重的情绪化，也就是在月经期或月经期之前，这时候心情更容易烦躁，身体抵抗力也比较差，稍有不顺就会发大火，好像天下人都对不起自己，都亏欠了自己似的。女人应当意识到自己的这种情绪规律性，在"大姨妈"在的时候好好控制自己。

2. 找出自己的易怒点

记得有人说过，愤怒是动力的源泉。每个人在愤怒过后一定会找出自己发火的原因，为什么会如此愤怒，更要分析清楚事情的经过，那么以后发生类似的事情就不会借故把事情转移到不相关的人身上了，也就不会把事情弄得更大了，更不会控制不住自己的情绪而失去理智了。

3. 牢记冲动是魔鬼

歇斯底里地发泄情绪会酿成无可挽回的后果。爱人的心是玻璃做的，你恶毒刺激的话会敲碎爱人的玻璃心，这样的结果难道是你想要的吗？

4. 想想好时候

当你怨艾的时候，命令自己多想想他的好处，暂忘他惹你生气的事情，你心里就舒服点了。

第五章

婚姻中，会说话的女人
永远不会失婚

沟通不畅是最具毁灭性的婚姻冷暴力

一位妻子告诉我，她和老公过不下去了，婚姻走到头了。

我问："为什么？"

她说："我们天天吵架。"

我问："他和你吵吗？"

答曰："吵啊，他一点都不让着我，就是这个才惹我烦呢。"

我说你们的婚姻生命力还强着呢，远没有达到奄奄一息的地步，如果你们有一天连架都懒得吵了，那就真的寿终正寝了。

虽然吵架影响夫妻感情，对维系婚姻不好，但其杀伤力相对于不沟通乃是小巫见大巫。只要两个人还在动口，那婚姻就还有挽救的余地，而当两个人都沉默不语、谁都不理谁的时候，拯救婚姻的空间就很小很小了。

现在，随着人们文化教育水平的提高，肉体上的家庭暴力越来越少，但冷暴力却与日俱增，其中夫妻之间沟通不畅就是最具毁灭性的家庭冷暴力。

婚姻本该是幸福甜蜜的，但有时却又不是想象中的那样美满。婚前卿卿我我的两个人，一见面似乎就有说不完的话；无法见面时，拿起电话不知不觉就能聊上好几个小时。可一旦步入婚姻的殿堂，随着日子的消逝，在锅碗瓢盆的交响乐中，原本如胶似漆的两个人渐渐地话少了起来，往日的温情浪漫也随之而去，这都是步入婚姻的夫妻之间无效沟通或沟通不畅所致。

28岁的姗姗在街道办事处工作，她的丈夫则在一家效益不错的大企业上班。美中不足的是丈夫经常要上夜班，经常是她要上班走了，丈夫才下班回来，她还没有下班，丈夫已经上班走了。这常常让姗姗觉得家里冷冷清清的。结婚一年后，他们有了一个可爱的儿子。儿子的出生让平淡的二人世界一下子热闹起来。丈夫很疼爱孩子，也很尽力照顾她，可比起婚前，他们之间的交流却越来越少，好像两个人总是在各忙各的。

"有什么话晚上再说吧！""有什么事明天再说吧！"……每当姗姗想和丈夫说说心里话、拉拉家常时，丈夫总是这样来应付她。就连吃饭时想和丈夫多说几句话，丈夫也会毫无兴致地说："哎呀，等吃完饭再说吧！"可等到吃完饭不知道又要忙什么事了，一时兴起要谈的话题也就此搁浅，总是把她的好心情搞得晴转多云。

就这样，刚刚结婚一年多的小两口共同语言越来越少。渐渐地，家成了休息的客栈，只是一个累了、困了可以落脚的地方。她不明白，结婚之前亲密无间、无话不谈的他们现在到底是怎么了？

"你要是再这样，我们离婚好了！"终于，他们的矛盾在丈夫的又一次"明天再说"时爆发。姗姗的话让丈夫很意外，也很伤心。作为丈夫的他觉得自己是爱妻子的，也是爱这个家的。他不明白妻子为什么因为一点小事就要和他离婚。"我们要各自上班，我们要偿还房子贷款，我们一起照顾生病的老人，分担家务……我也在为这个家努力，我什么地方做得不好了？"姗姗的丈夫心中充满了委屈。

姗姗对他们之间的婚姻已经不再抱什么希望，她说这令人窒息的气氛让她生不如死，她不想再继续这样的日子。

和姗姗夫妇的婚姻一样，我们身边有很多看起来没有什么矛盾的家庭解体了，很多不吵不闹和和气气的同林鸟自动解散了，这都是沟通不畅造成的。其原因有很多，比如像姗姗和丈夫一样，夫妻之间由于工作导致作息时间的差异，让彼此之间的交流机会减少。另外，个性差异、兴趣价值取向的不同也会使夫妻之间产生"无话可说"的情况。因为共同话题少，所以不爱沟通，越不爱沟通就越疏远，最终导致感情上出现裂缝。这种情况在那些工作环境、家庭背景和文化素养差异过大的夫妻之间极易出现。

虽然婚后夫妻之间的沟通会逐日趋少是客观规律，取而代之的是锅碗瓢盆，尤其是孩子出生以后，生活的步调不仅大乱，从恋爱期的无话不谈过渡到无话可谈，生活的品质也严重下降，但只要两个人脑海里都有沟通的意识，家务活合理分工，注重心灵的分享，积极主动地沟通，营造幸福美满的婚姻生活一点也不成问题。

有一点需要特别指出，对待配偶的内心世界，千万不要从理性的角度去分析。不是用"奇怪，你怎么有这种想法"或是"你这种想法不对"，而是用"原来，你是这样想的"来了解对方。不要扯到是非、对错，重点应该放在了解、倾听、接纳。若养成这种习惯，假以时日，夫妻之间必有说不完的话。

只有主动向爱人倾诉自己的感受，仔细倾听爱人的感受，夫妻之间才能体会到幸福，感受到爱，增加安全感，增强亲密感，共同打造幸福婚姻。

夫妻说话定律：
谁说得越多，谁的话越没分量

都说物以稀为贵，夫妻之间说话也是这样。有一个非常有趣的魔鬼定律，夫妻之间，那个整天唠唠叨叨、说个不停的，说出来的话肯定是没有分量的；反而是那个不怎么吱声的，说一句是一句，掷地有声，很见效。

小时候，住我家隔壁的那户人家，夫妻俩有三个孩子。两口子可能是上辈子的冤家，三天一大吵，两天一小吵。每次吵架，女人都气急败坏地呼喊着："离婚，我不跟你过了，你这种男人根本不是人。"比这难听的话还有很多。也说不出谁对谁错，都有错，反正是女人骂男人，男人也打女人，有时候也对打。

从我记事起他们就这样吵，直到我初中毕业了，他们还在吵，女人还在叫唤着离婚，但他们的婚姻关系还在继续。

后来我上大学了，暑假回家突然觉得安静了很多，隔壁家那陪伴我十几年的争吵声消失了。老妈告诉我说："他们离了，是男的提出的，女主人喊了半辈子离婚，也没离成，男主人就喊了一次，就真离了。"

话说得太多和不说一样，没有任何效力。以我的邻居家为例，女人天天叫喊着离婚，我想她第一次说这句话的时候，肯定是为了吓唬男人的，想让男人听话，变乖，变得对她好点，可她并没有施行。后来她已经成了习惯了，男人也接受了她的这一语言习惯，慢慢地也变聪明了，心想：原来你只是说着玩的，原来我只是虚惊一场，原来你不会拿我怎么样，那我照样我行我素咯，反正没什么不良后果。再后来，男人听"离婚"两个字就和干咳一声一样，只是个习惯性口语而已，无任何实际意义。所以，她的话在男人那里已经没有任何分量。她的做法让我想到了小时候寓言故事里那个叫"狼来了"的孩子，一开始，这个放羊娃出于无聊，搞恶作剧，大喊"狼来了"，大伙信了。第一次信了，第二次信了，可是信了几次，大家发现狼并没有来，这娃是说着玩的，于是就没人信他的话了。

有个女人讨厌老公懒惰，从来不帮忙做饭，每次做饭的时候，都恶狠狠地对老公说："你不帮忙做饭这顿饭你别想吃。"可是每次做完饭，老公都赖过来吃饭，她也没辙。长此以往，老公根本不把她饿饭的恐吓当个事，可笑的是，她依旧拿这话来吓唬老公，企图支配他去帮忙做饭。

在和男人沟通这件事上，我们千万别学那个叫唤"狼来了"的小孩，这样做的结果除了累自己，还唠唠叨叨的惹男人烦。最最主要的是，根本达不到任何目的。说得太多，反而还有可能激起老公的逆反心理，越说我越不干。请看下面这场夫妻之间真实的心理对抗：

妻子："回到家就臭袜子烂鞋乱放，你就不能摆好啊？"

丈夫："凭什么你说放哪里就放哪里，你越逼着我放哪里我就越不放。"

妻子："摆好了整齐，好看。"

丈夫："我觉得我这样放还好看呢。你有唠叨我的时间你自己摆呀。"

瞧，女人越强调，事情越糟糕。

说得太多，有时候还会出现自相矛盾的情形。由于咱女人是感性思维，想到哪里说到哪里，想起什么说什么，有时候也会弄得男人无所适从。我自己身上也经常出现这种情况。有一次，我让老公去拖地，老公就奉命行事，他刚拿起拖把拖了没两下，我又想起来该让他先把鱼缸里的水换掉再拖。他刚去换水，我又想起来该把鱼缸挪一下。最后老公索性啥也不干了，扔给我一句话："等你想好了再说吧。"

在上述心理博弈中，胜出的总是男人。女人不停地在说，男人依然如故，反正你也不会把我怎样。

女人靠多说话不仅对付老公没有威力，就连小朋友也不怕。现在的孩子都觉得做妈妈的唠叨，不怎么听，反而不苟言笑的严父说话有分量些。

所以，如果你说话只是为了磨牙，那你继续吧；如果是为了解决问题，那还是少说点，有一说一，说一件解决一件。

永远不直说他"娘家人"的坏话

永远不要对老公说他家人的不是,即使那是真的。

城门失火殃及池鱼,这是必然的。锅碗瓢盆的背景下每天都上演着一幕幕婆媳之战,在这场战役中,损失最为惨重的不是媳妇,也不是婆婆,而是那些自喻为夹心饼干的男人们。在这场爱的保卫战中,男人若是站在媳妇一边,就有"娶了媳妇忘了娘"的不孝之名,此罪名虽不当诛,但备受社会舆论、良心的谴责;站在"娘家人"一边呢,媳妇就会伤心欲绝,"一日夫妻百日恩"嘛。

这让为人子、为人夫的他尴尬不已,陷于两难的境地,只能当"夹心饼干",走"中间路线",充当"婆媳之战"的见证人和"和事老"。如果非要让"夹心饼干"选择一个明确的立场,凡是要点面子的男人都会选择和"娘家人"站在一起。

正是看透了这一点,聪明的女人都不会在老公面前说婆家人的坏话,更不会与婆家人正面冲突。一旦起火,四面楚歌的必然是你。

慧娟和赵强结婚时已经怀孕三个多月了,所以婚后半年的时间小宝宝就出生了。因为赵强五岁的时候就没有妈妈,所以赵强就花高价请了月嫂来侍候月子,尽管这样赵强还是不放心,又从湖南老家把堂妹请过来帮老婆做做饭、打扫下卫生。

堂妹家在山区,条件比较艰苦,也没出过门,所以一下来到北京,住楼房很不习惯,有时候会忘记冲厕所。每当此时,慧娟总是很生气。虽然她提醒过堂妹几次,但还是会有这种情况发生。后来她就跟老公发脾气了,说:"她怎么这么没记性呢?"

慧娟满以为老公会站在她的立场上向着她说话,谁知老公却说:"她是没出过门的小孩子,你宽容点,慢慢来。"

慧娟没有听到期待的话,就生气了,说:"我一天也受不了!你们家的人怎么连卫生都不讲?真是可笑极了!"

当时赵强气得脸都青了,他抬了抬胳膊想打人,但想到老婆正在月子期,才强把打人的手势调换成拿书的动作。

没有哪个男人喜欢老婆说他的父母不好、弟妹没教养,就算说他其他亲人的不是也不行。想想看,换了你,你愿意听到别人污蔑你的父母和兄弟姐妹吗?别说你老公在你面前说你父母的不是,就是稍微有一点的不敬你肯定都会大闹天宫的。

或许是他爸妈真的对你不好,兄弟姐妹确实不懂事,但是父母把他养大成人,娶妻生子,父母永远是儿子的天,而手足之情也难以割舍,他对他们有天然的保护欲。要一个男人连他的父母家人都不爱,那么别指望他真的爱你。

想想看,你就是跟老公说公婆的是非,老公又能怎样?就算是他父母不对,当儿子的能怎么办,能打他们还是能骂他们?他明知道你在怪他,可是他无法作为,"夹心饼干"的滋味很难受的。

傻女人才会咄咄逼人地说公婆的是非。聪明的女人永远在外面或老公面前说公婆的好话,这样老公和他的家人们都会觉得你修养好是个好媳妇,就算公婆真的说你的不是,别人也会认为是假的。

所以你要明白:你和他的家人相处得越融洽,老公就越爱你。老人再错也是老人,常说"老小孩儿",老人和孩子一样需要哄,需要宽容。所以,你要学得识大体、顾大局、大气些。大气的女人最有风度和魅力。

话虽这么说,因为家庭矛盾最终导致夫妻感情破裂的剧情每天都在上演着。女人就是女人,心细如针,你没法子像男人一样心胸宽广,但是在向老公发泄不满时可以绵柔一些,合理地表达心中的不满。在向老公告他娘家人的状时，你要注意：

1. 抓住时机 要争当向先生解释说明冲突的第一人。男人容易先入为主，再加上对自家人有本能的保护欲，如果被婆家人抢占了先机，你解释起来就难度大了。

2. 注意语气 要尽量心平气和地表述事情的原委，绝不能搞人身攻击，不要动怒说粗，宁可哭也不可以骂人。语气强硬会给丈夫留下悍妇的印象。

3. 一定要先自省 自己冲不冲动，有没有言语不当的地方，对婆婆有没有失理的地方，自己如果和妈妈这么说，妈妈怎么反应？如果你有错误的地方，要先把自己的不是说在前面，你的谦逊和检讨会给自己加分。

4. 向他讨教办法 对不起，我也不知道怎么办了，我也不知道该怎么处理这件事，你教教我好吗？以后我就有经验了。把问题交给丈夫，他自然会体会你的难处，不会怪你。

5. 以撒娇的语气抱怨 如果你受了委屈，确实义愤填膺，那就以撒娇的语气说出来吧："老公，我真的好难受，做你的爱人，好辛苦啊。""我是你的女人，你要保护我哦。"无助一点、低调一点，老公会心疼你的。

不要以妈妈式的口吻和他说话

看到这个标题，男人多少会有点意见。男人的爱比女人自私，结婚后的男人，个个都想要这样的生活：家里有个妈（侍候着），外面有朵花（陪伴着）。

但为了拯救天下女人，我还是要这样说。因为平日里总会看到听到怨妇在啜泣，张家大嫂在抱怨："我们家那口子在家里就是甩手掌柜，酱油瓶倒了都不会扶一下！"李家姐姐在诉苦："你说他怎么那么没有良心呢？平时都是我侍候他们爷俩，可是我病了，他照样打麻将喝酒找乐子，根本就不知道关心我！"

女人们的诉说，让我充满了同情，是呀，男人们为什么那么"狠心"呢？可是转念一想，男人的这些"陋习"并非天生，他们之所以变成现在这个样子，恰恰都是女人给"娇惯"出来的。很多女人对自己的男人是在一边抱怨着一边又娇惯着，像母亲对儿子一样地呵护着。男人喜欢拥有幸福、享受幸福，在女人无私的爱情中心满意足地享受着，甚至退化成一个不懂事的"坏男孩"，"大男子主义"也更加蓬勃发展。而女人却是一旦陷入到婚姻之中，就会无怨无悔地全心全意地去付出，逐渐地适应"逆来顺受"，甚至退化成一个温顺的"全职贴身保姆"。但男人从心底并不稀罕这样一个保姆。

女人结婚后辞职在家，过着相夫教子的生活，从早忙到晚，一心一意地做着贤妻良母。可是几年以后，突然有一天丈夫对她说："我们离婚吧！"妻子非常不理解，她不知道自己什么地方让丈夫不满意，于是坚决让丈夫给她一个说法。而丈夫在离家前在纸上写下了这样几行："你是一个好保姆、好妈妈，但是我更需要的是一个好女人！"

在丈夫的眼里跟保姆没有什么不同，这是一个妻子最大的悲哀。所以想要男人爱你，不要扮演母亲的角色。你不要用妈妈的口吻和他说话，不能像母亲娇惯儿子那样娇惯他。爱需要理智和智慧，夫妻之间任何一方对另一方的一味娇惯与纵容，都只会让彼此漠视相互的感受，忽略彼此的存在，让婚姻的和谐天平失衡。

一个家需要经营，一份爱也需要呵护。女人们付出真爱的同时，也必须有意识地培养伴侣对自己的爱，唤起他的责任感。在婚姻生活中，爱不需要一比一的对等，却需要互动。当你每天为三餐而忙碌的时候，别忘记让他也给自己做个助手；当你整日为家务事忙得团团转的时候，别忘记会撒娇的女人才可爱；当你为了这个家而几乎忘记自己的时候，别忘记你的身份不是保姆而是妻子，你要做的事情绝对不只是买菜做饭、照顾孩子和侍候老公。

我无意于指责女人们对爱情、婚姻、家庭的付出。被人疼爱是人性的需要，当然也包括坚强的男人们。只是应该划清疼爱和溺爱的界限，弄清妻子与保姆的区别。

但大多数女人对男人都是爱着爱着就身不由己地娇惯了，当娇惯成了本能就很难扭转。在男人的意识里，得不到的才是最好的；越是很难到手的东西，越会激起男人追求的欲望。当他已经习惯于沉浸在你的娇惯中时，对于他来说，你已经是一本被读完的小说，也许会小心珍藏。但是，是不是还会重新翻看就是未知数了。

如何拯救自我？听我的话，做老公的"真情人"，你要掌握下面这三条对男人好的艺术：

1. 你们是平等的　时刻要牢记在婚姻与爱情面前两个人应该是平等的，应该是互相体贴的，应该是经常去换位思考的。

2. 你也不轻松　在当今繁重的压力下，女人并不轻松，你们在承受着社会压力的同时还要承受家庭的压力。所以你比男人更辛苦，更需要丈夫的理解与尊重，更需要呵护与疼爱。

3. 美味不可多用　如果你是一个聪明的女人，如果你想让男人更爱你，如果你想对男人好又不至于让他把你当成母亲或者保姆，那你就要牢记美味不可多用的道理。在我们的生活里缺少不了味精，适当给男人一点压力和冷落也是必需的，要不男人会觉得没有挑战性，但要掌握火候，把握分寸。

不要拿他和别人家的男人比

《大明宫词》中,武则天对太平公主说:"世上没有十全十美的男人,也没有十全十美的婚姻。"

想不到,乖悖违逆的一代女皇竟然对婚姻有如此宽容、亲民的认识,反而我们这样的平民小女子,吹毛求疵得很。很多时候,女人爱上了一个男人,对他的要求也就接踵而来了。有些出嫁后的女人,就特别喜欢对自己的老公指指点点,比较他与张三或李四、王五之间的差距,在评头论足间难免流露着一种灰心丧气。

她们却不知道,比较,只能比出距离和伤感,甚至是悲剧,并不能比出男人和女人之间的幸福。

小刘和妻子英子结婚10年,英子在银行工作,他们还有一个七岁的可爱女儿。在外人眼里,老公帅气,妻子漂亮,女儿可爱,一家三口幸福美满。可这个看似美满的家庭早已硝烟重重。

咋回事?妻子老嫌弃小刘还是个小职员,而她的闺蜜们的老公职位高,早就买了大房子、豪华车。开始说的时候小刘还笑脸相迎,可久了小刘就不耐烦了。两人就爆发了激烈的争吵。

"你看看你,在单位混10年了还是个小职员,人家大李和你一样学历早就当科长了。看人家那大房子多气派。"

"咱家房子是小点,可也不错呀。平淡也不挺好嘛。"

"挺好?你那叫没出息!你看你年龄都快40了,再不往上爬,这以后恐怕是没什么机会了。你让我和女儿一辈子就这么跟着你窝囊死?"

"我就这样了,我这人不好争,你当初又不是不知道。"

"当初算我瞎了眼，怎么看上你这么个不求上进的东西！"

"我工作勤勤恳恳，我怎么了？你看上大款你直说，我不挡着你！"

"我看上大款怎么了，总比和你这个草包强！"

"那好，离婚吧，你过你的好生活去吧！"

"离就离！"

这不，两人一气之下写了离婚协议，妻子带着孩子哭哭啼啼地回了娘家，一个原本美满的家庭出现了深深的裂痕。

愚蠢的女人，总是喜欢拿自己的老公和别的男人比。这是一种典型的虚荣心理，也是一种典型的自卑心理。聚会时，看到同窗女友的老公高大威猛，而自己的老公却身材矮小还早早地发福了，就感到很没面子——你原来可是美女啊，而那位女友却姿色平庸。你看着同事在情人节收到了老公送来的鲜花，而你打电话给他提醒说"今天回家你带点什么回来吧"，他却在那边一头雾水地说："家里没菜了吗？可是我今天很忙，要晚点回家，没法买菜了。"把你气得牙根痒痒。看到别人炫耀地对你说，她的老公又发了什么财，又升了什么官，你在旁边没精打采，自惭没别人的那种好命。

拿自己的老公和别的男人比，看到的是自己老公的缺点，别的男人的优点。这样越比你的心中越不平衡，越比越觉得后悔，你们的婚姻也就濒临解体了。或者你认为，这样的比较是为了刺激老公，让他能够向别人看齐。可是，他却很难接受这样的刺激。他有他的目标和理想，他有他的长处和优点。如果这些都没有，那这样的破鼓何必再去重捶呢？扔掉再买个新的好不好？

幸福不是表面文章，别人家的饭没有你看到的那样好吃，自己的男人没有你抱怨的那么差。在很多方面，其实他做得已经够好了，但是在你把他和别的男人比较之下，也许他做的就不是那么出色了，因为你拿来比的另一个男人已经超过了你自己老公的现实能力和条件。其实那都是假象而已，你根本不了解别的男人，别人的缺点会在你面前隐藏起来，给你看到的只剩下优点。而你的他，则会毫无心机地将自己的所有赤裸地摆在你面前，时间长了，你看到的全是他的缺点。这是你自己感觉的问题，不是男人的错。在他眼里，你也一样，只是因为他爱你，所以包容你。

　　多想想自己老公的好处。当别的男人在聚会上风流倜傥，用滔滔不绝的笑话逗得女宾们前仰后合时，你的老公却将基围虾一个个剥好放到你的碗里。别人的老公记得在情人节给老婆送上一束鲜花，你郁闷地回到家里，却发现说要晚点回家的老公早就做好了饭菜等你。别人的老公是发了财，可是你的老公也不差呀，他的一切努力都是为了这个家。他有正当的职业，理想虽然不远大却实在，更没有把控制多少权力、财富和控制多少女人画上等号。他把你的父母当成自己的父母一样孝敬，把你的兄弟姐妹当成自己的兄弟姐妹一样友爱。他也许一生都不能大富大贵，但他一样可以给你带来幸福。

　　所以，无论你的老公是送快递的还是搞房地产开发的，你都应该理解他，不要对他太苛刻。天下有这么多男人，每个男人的事业不同，能力有差异，得到社会的回报自然就千差万别。既然你选择了，就应该面对现实，知足常乐。只要男人尽了力，我们就没有责怪他们的理由。君子爱财，取之有道，钱嘛，够花就行，何必强求太多而让彼此不快乐？对于在事业上失败的男人，女人的安慰和鼓励才是他们最需要的。

　　不要总是关注他飞得高不高，而要关心他飞得累不累。聪明的女人会这样做——在老公下班回家以后温柔地问一句"累不累？饿不饿？"边嘘寒问暖边帮老公解去厚重的外衣。此时，老公心里会想"我老婆是世界上最温柔贤惠的女人"，并且暗暗发誓一定要努力让眼前的这个女人过得更幸福。这才是可取的做法。

陆小曼是个反面教材

有本书叫《女人不狠,地位不稳》,其实,女人对男人太狠,狠过了头,地位也稳不了。说起历史上的狠女人,陆小曼算是一个比较有名的狠角儿了。吃穿用度她对自己下手够狠,对男人更狠。

如果说唐瑛是旧上海交际场上一道亮丽的风景,那么有着南唐北陆之说的陆小曼,则是老北京当之无愧的头牌交际花了。

陆小曼接受了那个年代最好的教育,精通英语、法语,会弹钢琴,写一手漂亮的蝇头小楷,绘画、朗诵、唱戏无一不通。加之一副天生的好模样,用胡适的话说:陆小曼是北京城一道不可不看的风景。

只是,看这道风景是荣幸,拥有这道风景却要命!

陆小曼被父母娇纵,自小交际的都是贵族小姐。陆小曼爱打扮,喜欢夜生活,有着贵族小姐的任性与奢华,情商又很高。她与第一任丈夫王庚受父母之命结合,婚后经济上得到完全的满足。可是在交际之余,她又嫌孤独,觉得精神上无以依靠。当徐志摩出现后,陆小曼便义无反顾地与王庚说了再见,够潇洒、够狠。

陆小曼和徐志摩结婚后,几乎是榨干了这个痴情诗人的最后一滴血,拿他当老妈子一样使唤。

他要徐志摩陪她唱戏,虽说徐志摩不愿,也还是纵容了她。她需要漂亮的衣服,吃精致的菜肴,赶夜场的舞会,听戏打麻将。徐志摩还是很配合的,在外租了一套豪华的公寓,每月100块大洋,14个佣人进进出出,其他的花销还要支出。她身体不好,又抽上了鸦片,徐志摩不愿看她病痛时难过,也就默认了。这又是一笔庞大的开销。

那时陆小曼每月至少要花掉五六百块大洋,也就是现在的25000—30000

元。这样庞大的开支让徐志摩挣扎得很辛苦。徐志摩自己舍不得买衣服，一件衣服穿到破了洞。徐志摩授课、撰稿、倒卖古董字画，奔波在北京与上海两地。可是这些钱还是不够陆小曼花。

徐志摩的钱挣得辛苦，却很轻易地被陆小曼花掉，后来沦落得四处问朋友借钱，拆了东墙补西墙，颜面扫地。这样过日子，再好的感情也磨没了。经济的拮据不可避免地引起感情吃紧，在一次争吵中，徐志摩离开陆小曼，却在外出途中飞机失事。

陆小曼需要物质的满足，还要精神的富有，一样不可少。可是，由于她对男人太狠，甚至忽略了"可持续性"，所以和谁都好景不长。徐志摩死后，陆小曼不再出去交际，还写了《哭摩》表达对徐志摩的哀思：我深信世界上怕没有可以描写得出我现在心中如何悲痛的一支笔……

想不想知道现在的时尚金领男人如何评价陆小曼这个女人呢？在我的异性朋友当中，最好色最富有的那个男人这样说："把这样的美女养在家里，吃不消啊！"

识时务者为俊杰，女人对男人真不能太狠，陆小曼是个反面教材，咱就不要学她了，何况咱也没她那"是男人看了都迷失"的姿色呢！

邵良的老婆就是个现代版的"陆小曼"。邵良是信奉"这世界上就该男人挣钱给女人花"的，他在北京一家会计公司工作，三年前和老婆在网上认识。

老婆是独生子女，爱享受，不爱上班，长相尚可，没工作。两人倒也是蛮匹配的。

他们两个也算是一见钟情吧，第一次见面，女孩就留在北京了，一个月内闪婚。

很快，在老婆的调教下，邵良成了现代版的"徐志摩"。老婆说她的同学有好几个都出国了，她也要去。老公掏出攒了好几年准备按揭买房的二十来万块钱，供养她出国去了。

老婆到国外转一圈，吃不了那苦，买了几个LV包，戴着宝格丽珠宝回来了。

老公不仅没说她，还生怕她有受挫感，像宝贝一样地安慰她：宝宝，回来就好，我一样让你过好日子。

为了让老婆过上不比别人差的日子，邵良打了两份工，比驴都累。每天晚上无论多晚回来，都要给老婆做饭。他老婆就像一个嗷嗷待哺的孩子：早饭吃面包，午饭叫外卖，晚饭等老公！晚上睡觉之前，他还要给老婆洗脚、按摩。

就他这么付出，老婆一点儿不领情，说住在租来的房子里，活着都没感觉。

为了让老婆找到感觉，邵良也开始像徐志摩一样四处借钱，终于在近郊买了房子。

买了房子后，老婆又开始下达新任务了，说："我们要生孩子了，要去私立医院生，要上双语学校，这都要钱哪，还要房贷，你能承担得起吗？"

男子汉大丈夫，流血不流泪，哪能对女人说不呢？邵良毫不含糊地立了军令状！

为了不对老婆大人食言，这哥们又兼了一份职！

老婆照样享受着全职太太的小资生活，老公像驴子一样在外奔波。可他毕竟是人肉之躯啊，就在年初，终于因过劳而倒下！

有一种男人，责任感太强，义务感太重，也许沉默是他们唯一的表情，孤独是他们今生的宿命。这种男人在人前总是做出一副顽强的硬汉作风，对女人百依百顺，何止是体贴，简直是溺爱。

对于这种男人，我们应当珍惜这来之不易的宝贵资源。要知道，这样的好男人全世界都没多少了。

他们也需要人疼，也需要呵护，只是出于自尊和面子，男人不愿承认这一点，不是说有一种动物宁愿被人打断脖子也要保全脸面吗？太担当的男人就是这种动物。可是你有没有看到夜半时分他们坐在床头一个人抽烟,你有没有看到他们身居闹市之中眉头紧锁,一言不发,你有没有看到他们失意时那孤独无助的目光?这一切的一切都可以证明他们也有软弱的一面,也需要你的关爱和理解。你不能像"陆小曼们"那样残忍,那样,你就是自己幸福的刽子手。

所以我想要告诉所有的女人们——请对"徐志摩们"好一点。

不要总是对他说"我容易吗我"

在那些选择走进心理咨询中心进行治疗的女人当中,向心理老师说得最多的一句话是:我容易吗我?

"我容易吗我?"现在,这样的调侃像流行语一样传播开来。前几天,在曼谷飞往香港的飞机上,我又听到了这样的话。

她是我此次旅行的一个团友,坐在我旁边。当时我正在看电视,她拿着一张广告小报,边看边用手指着一行字,对我讲:我怕我会得这个病。

我当时很吃惊,好好的一次旅行,怎么说起病来了呢,她看起来好好的呀,什么病呢?我顺着她手指的地方看去,看到了"抑郁症"三个字。

我这才好好地看了看她的模样,确实不怎么阳光,我问她:"你怎么了?"

她硬挤出一丝微笑,说:"你没发现我不开心吗?"

哦,我并没有注意她,现在她这么一说,我倒是想起来了,她确实不怎么开心、不合群,很多项目明明不是自费,她也不参加。当我们划船的时候,当我们看演出的时候,她都在一边严肃地看。

我轻描淡写地应付她:"活着多好啊,有吃有喝有玩的,干吗不开心呢?"

她摇摇头,说:"听领队说你是婚恋媒体的编辑,又写了很多两性关系的书，我想让你这个专家帮我分析一下我的问题。"

呵呵，专家谈不上，只是关注的比较多有点感悟而已。

她接下来就谈了她的问题：

她是广东梅州人，做水产生意，拥有一个无比幸福的家庭。老公在机关上班，有两个儿子，大儿子19岁，上大学，小儿子12岁，上初中。两个儿子都很听话，学习成绩很好。老公也很疼她。

可这些都已成为过去。就在前不久，她发现老公瞒着她在外面有了很多女人，而且很多年了，她一直都不知道。现在知道了，她的精神崩溃了，已经失眠一个多月了。本来想借这次旅行出来散散心，结果一点儿转机都没有。

又是男人出轨女人怨恨的老套故事，这样的故事，听得我都麻木了。我给了她一个淡淡的微笑。

她似乎受了我的鼓舞，指着自己面颊上的雀斑，对我说："你说我容易吗我？以前他上班，我自己带着两个孩子，全心全意照顾这个家，支持他的工作，什么都不让他操心。他却这样欺骗我……我觉得我身上没有任何问题，你说他为什么背叛我？我想不通。"

"你说你没有任何问题？"我问她。

"嗯。"她非常肯定。

"你是不是经常对你老公说'我容易吗我'？"

"是啊，我要让他知道我带孩子有多么不容易，我经常对他这样说的。"

"你每次说的时候，老公是什么反应？"

"一开始的时候会过来哄哄我，后来就当耳旁风了。"

"那你怎么办？还是这样说吗？"

"当然啦，他越是没反应，我越要说，直到他拿出特别的行动心疼我为止。现在我依然在说。而且也和我的两个儿子说，让他们站在我这一边。"

"那你的儿子是什么反应？"

"这两个浑小子和我不一条心，我辛辛苦苦把他们拉扯大，他们反而不向着我说话，反而很理解他爸爸。"

好了，我和她的问答式谈话到此为止，我已经知道她的婚姻问题出在什么地方了。我告诉她："如果你不想离婚，回到家里，再也不要说'我容易吗我'这句话了，你要对你老公说'你真不容易，这些年我忽略了你的压力和感受'。"

"就这么简单？这管用吗？"她用疑惑的眼神看着我。

"试试看吧，总会有点起色的。"我只能这样回答她。

后来的结果是怎样呢？我从香港回来后不久，就接到了她的电话，她跟我要地址，说要给我寄些海产品过来，说她真的按我说的做了，老公给她道了歉，并且知道了她这么多年的不容易。可这回，她并没有强调啊。

一个识大体的女人是不会开口闭口对老公说"我容易吗我"这五个字的，不仅不要对老公说，也不要对孩子说，这几个字任谁听了都会反感，他们会认为你是在表功求赏，是在索取，是在给他们算账。还有，一旦你脑海里形成这种自己不容易的心理定式，你的委屈就会沉淀下来，最终发酵成一种顾影自怜的心境。这种经常感觉"很委屈"的自怜心态一点都不健康，对人对己都是祸害。相由心生，你的表情不会阳光，而是一脸的倒霉相，你身边的人会本能地躲避你。

其实，你为他所做的一切，你为家庭付出的一切，男人都看在眼里，记在心里，他只是不会说出来。同样，他和你一样也在付出，他也很不容易，只不过他不喜欢说出来而已。退一步讲，如果男人在乎你，你就是不说，他也会知道你的不容易；如果男人不在乎你，你就是天天说，他也不会怜惜你。

所谓"千人千般苦，别人不晓得"，只看得到自己的不容易和别人的容易，日子怎么可能好过。其实，只要能反过来看，生活就是别样精彩了。

可怕的"民政局门口见"

我常常会收到一些关于两性关系的有趣的短信,情人节那天就收到这么一条:

以前提到结婚,想到天长地久;现在提到结婚,想到能撑多久!

当初结婚,说是看上眼;后来离婚,说是看走眼!

以前的人,视婚姻为一辈子;现在的人,视婚姻为一阵子!

把这些短信当笑话看,真是每条都很有趣;但是从严肃的一面来看婚姻,每条都让人忧心!国人对婚姻的态度,怎么会变成这个样子呢?经常是:一见钟情,婚了;一气之下,离了。

有人在北京做过一个关于离婚的调查,发现现在的"家庭琐事"成为离婚的主要原因,也就是说离婚的理由变得越来越微不足道。

李小姐和高先生都是我的朋友,李小姐在北京,高先生在济南,经过一年多的了解,两人去年"五一"结了婚。婚前两个人说好了高先生要辞掉工作去北京,可是由于高先生所在的公司老板是他的大学同学,他辞职的时候同学请求他把业务交接完毕再走。高先生看在同学的面子上答应了,回去跟老婆也商量了,老婆也同意了,虽然心里不痛快。

因为两地分居的原因,两人时不时就闹个别扭。李小姐是直性子,是个情绪化的女孩,喜欢感情用事,每次感到委屈的时候就对老公说:你再不回来咱们就分手吧。

冬天的时候,李小姐得了重感冒,病了二十多天也没有恢复。身体不适再加上工作压力大,又没有老公陪,心情很不好,就要求老公周末过来陪她。可偏巧老公当时在三亚出差，得下周二才能回去。可是到了下周二由于问题没处理完，他又给老婆打电话说星期三保证到。

李小姐满肚子委屈，直接来了一句："星期三来的话你就直接去民政局吧，我在那里等你，咱们办离婚手续。"

高先生处在工作和家庭之间，也被逼急了，他痛快地答应："行。谁不去谁孬种。"

当时高先生打电话给我，我心里咯噔一下子，我劝他不要去，高先生说："既然她说了，那我就答应了，她想怎样就怎样吧。"

我装作不知情又打电话给李小姐，李小姐那边哭得正带劲儿，说了事情的来龙去脉，还让我郑重转告高先生，星期三务必直接去民政局门口。我当然没有这样做，宁拆十座庙，不破一桩婚嘛。

后来他们果真民政局门口见了，进去的时候是结婚证，出来的时候是离婚证。

其实见面的时候李小姐就后悔了，但是话说出去了，而高先生也如约而来，不进去都不行了。高先生也不想进去，但是男人的尊严让他又不得不进去。

磨合了这么长时间的感情，就这样说散就散了，真是让人接受不了。你说他们哪里见不好呢，干吗非得民政局门口见？

民政局不是个撒气的好地方，婚姻不是儿戏，双方对婚姻均应有份尊重。但现在很多时候，夫妻之间只是一些小矛盾，但是彼此赌气，再加上任性和不认输的性格，谁也不肯先向谁低头，轻易就说出"我们离婚吧"，另外一个人接着就说："好吧！离就离！"就这样轻易地离婚了！这在过去是非常不可思议的事情，但是现在大家却对此习以为常了。好像只有离婚，才是唯一能够了断一切不和谐因素的途径。离婚几乎成了一种趋势，甚至有人调侃说，现在见面的问候语不再是"你还好吗"，而是"你离了吗"。听起来很好玩，但想起来很痛心，这是对婚姻家庭极其不负责任的一种态度啊。

别等到男人失去耐心的时候
才想起来"维和"

亡羊补牢的寓言大家都读过，但这个成语在维护婚姻的领域不适用，因为聪明的女人绝对不会让自己的婚姻亡羊补牢，她们会未雨绸缪，在问题出现之前或者只出现很小的问题时就寻找解决方案。

任何一桩婚姻，都有摩擦和矛盾。一个好的婚姻经营者，不会等到问题不可解决的时候才意识到事态的严重，才想起来解决问题，她会早发现，早治疗。晚了，真的来不及了。

小禾就是这样的。当初嫁给老公的时候，她仗着老公比她大几岁，对她好，就养成了跟老公耍脾气的习惯。洗衣服、做饭全是老公的，总是嫌老公赚钱不多，嫌老公不会甜言蜜语，嫌老公太老实憨厚，嫌老公学历比她低。按说这么挑剔的女人对自己也应该严格要求吧，才不是呢，她是个大学生不假，但没有找到工作，也不修边幅，不注意形象，整天穿得邋邋遢遢，头发披散着像乱草，要不就是随便找个皮筋儿胡乱一捆。

有时候老公带她去朋友家做客，提醒她注意点形象，换换穿戴，她总是不以为然地说："喊，我不嫌弃你就不错了，你还嫌我跟着你丢人啊？你以为你是什么领导干部？糟糠之妻不下堂，懂吗你？"

老公说不过她，只好由她去了。

老公看她在家闲得无聊，就托人给她在幼儿园找了份工作，她不仅不领情，还质问老公："你是不是嫌我没有工作？"

结果第一轮面试她就被刷下来了，还被人取笑说："还为人师表呢，自己都这副形象了。"

可她还很得意，总觉得老公配不上她，想发脾气就发脾气，等吃等喝的，什么事情都不做，还骄傲得像只大公鸡。

后来她听到谣言说她老公和单位的一个女同事走得比较近，这下她上来脾气了，在家砸了老公的电脑，还跑到老公的单位撒泼，骂人家女同事。

忍了她五六年坏脾气的老公这下忍无可忍了，非要和她离婚不可。她一直觉得自己并不在乎这个男人，也不在乎这桩婚姻。可是真到了离婚的地步，她才知道自己真的离不开这个家，除了这个家她一无所有。她对老公说：你说我哪里做得不好，我可以改，咱们别离婚了。

"但凡你有一个地方做得好，咱们都走不到这一步。你早干吗了？"老公这样回答她。

离婚的时候，小禾对老公充满仇恨，觉得老公无情。可是过了一个多月，她平静下来，觉得老公其实对自己一直都很好，错的是自己。她对家庭没有尽到应尽的义务，甚至于从来没有善待过自己。

痛定思痛后，她开始好好打扮自己，选择了和老公做朋友，把女儿接过来和自己住，好好照顾女儿，并且谦虚地对前夫说："就当我对曾经的过错进行补偿吧。"

当小禾以新的面目出现在前夫面前时，前夫心动了，原谅了她以前的过错，俩人终于破镜重圆。

其实早知现在，何必当初呢？如果小禾早一点认识到自己的不对，多花点心思经营婚姻，就不至于经历这些挫折了。好在她离婚后及时自省，好在老公给了她改过自新的机会，但并不是所有的女人都这么幸运，不是所有的男人都如此大度，大多夫妻伤情后，一转身就是一辈子。

很多离婚的夫妇他们的婚姻并没有达到非离婚不可的程度，夫妻间没有本质上的矛盾，只是由于夫妻都没有用心经营，没有用心维护，出现问题的时候不及时维修，分歧或摩擦愈演愈烈，最终分道扬镳。婚姻学者的研究结果证明，虽然现在离婚率很高，但占总数2/3的离婚案例其实是可以避免的。

事实上，拆家不是解决问题的最好方案。如果你不注意经营，即使再婚了，一样不会幸福。和一个男人处不好，和另一个男人也不会融洽到哪里去。

婚姻没有想当然，爱情没有永不变，世界上没有无缘无故的爱和恨。即使有无缘无故的爱，你不注意培养经营，也会消失殆尽。养盆花尚且需要浇水、施肥、晒太阳悉心料理呢，更别说这复杂的婚姻了。

温柔地把男人引入你的"包围圈"

当你有求于男人的时候，你通常是怎样想、怎样做的呢？

如果我没猜错，你的想法是这样的：

他是我的男人，我想怎么使唤就怎么使唤，自家人嘛，没必要客气，我让他干吗就干吗，才不会拐弯抹角呢。

你的行为模式是这样的：

直接对老公大喊，连名字和称谓都省略了，把要求往那一亮，像行政长官一样发号施令。

说到这里，让我想起一个小故事。

有两个米粉店，到了晚上数钱的时候，一家赚的钱比另一家多出不少。可奇怪的是来他们店里吃米粉的人都是差不多的呀，这是为什么呢？因为他们的话术不一样，一家店在弄米粉的时候，问你要不要加鸡蛋；而另一家则问你是要加一个鸡蛋还是加两个鸡蛋。

这里主要讲到了一个问题，就是人的思维习惯的问题。第一家给出的问题，可以选择要鸡蛋和不要鸡蛋，而第二家给出的问题，则可以选择要一个鸡蛋和要两个鸡蛋。人最喜欢做选择题，而不愿意做思考题。

这个故事被广泛应用到销售领域，销售的时候，比如卖衣服的时候，聪明的店家不应该问消费者，喜欢什么款式的衣服，而应该问是喜欢这款还是那款。这样就避免了客户的思考而快速作出选择，从而顺利促成成交。

这个营销策略也可以应用到婚姻领域，要想让男人认真地听你的诉求，更好地为你所用，你得狡猾着点。给他挖个温柔的陷阱，让他按照你的意志选择，不就万事大吉了吗？

同一个要求，不同的女人用不同的方式处理，其结果有天壤之别。我们以"带老公回娘家"这样一个要求为例。

直白的方式：

周五晚上，老公在家里接电话，朋友邀第二天一块聚聚，老公答应了。可妻子想让老公第二天一早随同她回娘家。

妻子："喂，你明天上午哪也别去，跟我回趟娘家。"

老公："为什么？"

妻子："你好久没去过了，上回我妈妈还问你最近忙不忙呢，你看我妈这么关心你，可是你从来没想过他们的感受。"

老公："我怎么没想过？你没听到刚才我已经答应人家了吗？你怎么不早说？"

妻子："和狐朋狗友吃饭重要还是去看丈母娘重要？"

老公："都重要，但也有个先来后到。"

妻子："我平时怎么对你妈的？你又是怎么对我妈的？我三天两头去你妈门上，你几个月都不去我妈那里看看……"

结局：不欢而散，谁都没去成，两口子在家生闷气呢。

拐弯抹角的方式：

妻子看老公没什么事，在沙发上看电视，就想起该去看看老妈了。于是就笑眯眯地凑过去。

妻子:"老公,我做儿媳妇没经验,你说我有需要改进的地方吗?"

老公:"亲,你做得已经很好了啊。"

妻子:"哪里好了?你说来听听。"

老公:"比如你一到周末都尽量陪我去看望爸妈,还帮他们做饭,打扫卫生,多勤快啊,我妈可喜欢你啦。"

妻子:"可是我好久都没看望我自己的妈妈了,你说我是这周去呢还是下周去呢?"

老公:"那就这周去吧。"

妻子:"你说我是一个人回去好呢,还是咱俩一起回去好呢?"

老公:"当然咱俩一起回去好啦。"

妻子乐了,老公这才知道自己中了圈套,他刮着妻子的鼻尖说:你个小狐狸,尽给我下套。

妻子娇嗔地吻了老公,说:"老公真懂事。"

结局:皆大欢喜。

俗话说"一样话两样说",同一件事用不同的方式去办,收到的效果截然不同。

有人说,家人之间用得着这么客套和耍小聪明吗?当然,家人也是人,家人也需要尊重,做任何事情都需要恰到好处的方式和方法,用些温柔的小伎俩并不是狡猾,而是一种艺术。再说,即便是狡猾一点,换来了家庭的和谐与安宁,那又何妨?

第六章

吵架时，会吵架的女人
让男人越爱越深

请注意：吵架也是一种沟通

在中国传统观念里，一辈子没红过脸的夫妻是模范夫妻，是我们要学习的榜样。然而，美国《家庭心理学杂志》一反传统，提出了新的观点：天天相敬如宾的婚姻不见得最幸福，会吵架的夫妻才生活得最美满。

听起来有点雷人，但仔细想想，还真是。

我认识一对从来没吵过架的神仙眷侣、模范夫妻。几年前，我和某女一起编辑过同一本书，那时候她就告诉我们从来没有和老公吵过架红过脸。某天，他们突然离婚了。老婆在语言学校认识了个小她八岁的老外，认识一个月就离婚跟他结婚去美国了。临走时控诉前夫说，这些年她都过得很压抑，从来没有快活过。一直把老婆捧在手心里的老公蒙了，他想不明白这一切是怎么回事，他说："我们从来不吵架，我一直都依着你的呀。"

老婆告诉他："你是不和我吵架，但生活一潭死水，你从来不了解我的所需所求所好，生活一点儿激情都没有。"

相反，越吵越幸福的例子却比比皆是，尤其是在"80后"夫妻和"90

后"的恋人之间。

曾经我有个同事叫琳达,她是个个性火爆的女孩。那时候我坐她对面,一到中午,她的男友就会打电话过来,而他们每次通话都会争吵,经常是接起男友电话没说几句,就对那边劈头盖脸一顿骂,然后两人开始对掐。当时我特别为她担心,有时候劝她:"妹妹,不行就算了吧。姐再给你物色个。"

谁知道这小丫头坚决不干,还调皮地说:"姐,我们关系瓷着呢,我才不换呢,这可是个宝,我喜欢。"

啊?这个整天气得她不安生的男孩子竟然是她的宝贝,真是费解啊。

后来我仔细观察,终于明白了他们关系瓷实的道理。我发现她每次发火都能:短时间内吸引对方注意,得到一个重视的倾听态度。暴怒的态度给对方造成心理威慑;最重要的一点是,她能很直接准确地说明白自己对什么不满,为什么生气。简练地阐述出自己的逻辑,表达自己的需要。结果是把恋爱过程中的烦琐无序的感情状态,放在很透明的环境里很有效率地沟通。然后当场得出双方都同意的解决方案。他们可能前一秒吵得不可开交,但达成一致意见后又马上恩爱地相约一起去超市买日用品,呈现出一种越吵越恩爱的恋爱模式。

通过上面两个真实的案例,我们可以得出这样的结论:吵架不全是坏事,它可以是好事。

我们的家庭就像一个需要用心经营的公司,不同的是这个公司想要收获的不是金钱,而是幸福和快乐。要想得到幸福和美的家庭,实现夫妻之间的有效沟通也是非常重要的。

然而,夫妻之间的关系因为其特殊的亲密性,又很难做到像公司员工间的沟通那样讲究说话的方式和语气。在面对一些各自持不同观点的家庭问题时,没有办法心平气和地表明自己的观点,或者心平气和地陈述根本引不起对方的注意，这时争吵就在所难免了。

在婚姻关系上，吵架所带来的不都是负面作用。吵架其实是人与人之间交往、相处、沟通的一种方式。夫妻吵架有两大好处：一是能听到真话。吵架时，人的言语冲动，想什么说什么，把平时藏着掖着的话都像竹筒倒豆子一样倒了出来。这有利于了解对方的真实想法，以便吵架后能互相解释、调整、改善自己的行为。二是有利于负面情绪的宣泄。夫妻间互相宣泄负面情绪，是婚姻的功能之一，因为只有夫妻才是真正的利益共同体，有些对父母和兄弟姐妹都不能说的话，只有夫妻间才能说。而共同承受负面情绪，也让夫妻成为人生旅途上一对真正的伙伴，关系从此更为牢靠。

可见，吵架既是夫妻表达内心的感受和需求，也是对自己和对方内心的探索。正因如此，有的心理专家把夫妻间的吵架比喻成一次次激烈的商业谈判，其目的是寻求妥协，说明夫妻双方还把对方的意见当回事儿。

不仅如此，吵架还有利于健康呢。美国一项历时17年的心理研究发现：夫妻闹矛盾时，吵架可能更有益身心健康，压抑愤怒的夫妻日后的死亡率是表达愤怒的夫妇的五倍。

但吵架也分为恶性和良性争吵两种。所谓良性争吵，最大的特点就是非重复性的，每次都为了不同的事情而吵。恶性争吵则是重复性的，总为了一个老问题不停地吵，每次都解决不了。这种争吵往往涉及夫妻间有关性格、重大人生观、习惯冲突的深层次矛盾，是婚姻实质出现问题的表现，有可能导致婚姻破裂，必须借助婚姻辅导等外力来解决。

所以，我们要辩证地看待吵架的关系，它是两个人逐渐认识对方、适应对方并最终寻求融合的必经过程。

吵架和炒菜一样，要把握火候

虽然在很多家庭中，夫妻吵架是生活的一种常态，不过，有的人在吵架中成长，有的人在吵架中受伤，有的人在吵架中和谐，有的人在吵架中分离。所以，同样是吵架，吵和吵也有区别。

要想充分发挥吵架的积极作用，吵出和睦，吵出精彩，吵出幸福，你得像炒菜一样，学会把握火候，不能恶吵。在吵架的过程中，夫妻双方都需要掌握吵架的目的和表达的规律。

1. 要善意地吵

所谓善意地吵，就是为了解决问题而吵，也就是说吵架的目的是解决某一问题，一切都应围绕着这一目标进行，在吵的过程中把握好方向，遵循一定的规则，"研究"出解决问题的办法。而恶意争吵往往把引起争吵的原因搁置到一旁，只是为了撒气而争吵。

2. 要平等地争吵

争吵中，夫妻间的相互尊重是非常重要的。夫妻之间的争吵不能像拳击比赛那样有不同的重量级别，如果强者用简单粗暴的方法把弱者吓住，砸东西或动用武力，这样的争吵是不会有好结果的。

3. 要沟通不要控诉

"糖衣炮弹"有时比真枪实弹来得更有威力，因为男人通常是吃软不吃硬的。吵架艺术的"最高境界"在于，既不指着他的鼻子做河东狮吼状，也不恶狠狠地跟他约法三章，而是"以柔克刚"。

苏苏打算在参加同学聚会时，将丈夫介绍给自己的大学同学，但丈夫迟到了一小时，而且只是向苏苏的同学简单地打了个招呼，就匆匆离开了会场。等到聚会散场，苏苏强忍住的怒火再也无法抑制，她开始指责丈夫："你总是这样目中无人！那些都是我五年没见面的死党，你怎么能对人家那么冷漠呢？"可丈夫却并没觉得自己做错了什么："凭什么我要听你颐指气使？"一场内战就这样爆发了。

在遇到这种情况时，与其怒不可遏地指责他对你的朋友不礼貌，还不如平心静气地对他晓之以理。苏苏可以这样说"你若是招呼也不打一声就消失不见，我真的很难办，因为本来是有很多关于你的话题要跟大家谈的"。这样，你就变成了一个受害者，而不再是歇斯底里的控诉者了，这也会给你们之间进一步的沟通打下良好的基础。

许多夫妻吵架到最后都发展成一场"控诉会"，你恨不得把心掏出来，他却句句都在误会，这样，几乎所有的吵架都以冷战不了了之。那么，在争吵时，怎么样才能进行有效沟通呢？专家提出了三"不"建议。

● **说"我"不说"你"**。"你居然用这种态度对我？""你又犯老毛病了。"这样的句式是不是很熟悉？当我们开始用"你"句式谴责对方时，就已经把对方逼到一个自卫的角落里。对方认为你在乱下判断，第一个自然反应就是捍卫自己，然后反攻。当防御体系建立起来时，沟通就立即停止了。

● **不进行冷嘲热讽**。"你不带我出去玩，我还要多谢你给了我自由呢！"嘲讽是夫妻吵架时常用的蹩脚伎俩，用途只是激怒对方。但这种伎俩的负面影响却很大，会给双方带来巨大伤害，很可能会一下子给感情减去很多分。

● **不打断他说话**。抢白他或打断他，你认为你完全知道他想说的是什么，这无非是"借口"而已。如果你拒绝倾听，那么对方怎么会注意倾听你的想法呢？告诉对方你的理解，以此来确定这是否是他想要表达的。在争吵时，常常用"你是说……吗""你的意思是……"的句型重复对方说过的话，如有误差则让他纠正你的错误理解,这样才能达到聆听的目的。

4. 切勿空对空地争吵

李女士最近刚刚从一场失败的婚姻中走了出来,她和丈夫分手的原因很简单:不断升级的口舌之争。两个人经常为一些鸡毛蒜皮的小事吵架,为晚饭到哪家餐馆吃而争吵,为何时要孩子而争吵,甚至会为了一句话中不恰当的形容词而争吵。婚姻就在这样的不良争吵中渐渐失去原来的温情。终于,在结婚两年后的某一天,疲惫不堪的丈夫提交了离婚申请书。

李女士将婚姻的破裂归咎于"性格不合",可在离婚后的一个星期,丈夫和她的一次长谈让她颇感意外:丈夫"记仇"的是李女士在每次争执中所说的"气话"。

5. 不要打消耗型冷战

有一招虽然不是很高明,但是大家都喜欢用,那就是冷战。吵架后,不接对方电话,故意"忘记"此前的约定,或者一气之下搬到娘家去住……

冷战成了一场赌博,赌的是耐心,看谁先选择妥协,而冷掉的是感情。所以我建议大家不要想各种各样的形式去惩罚对方,因为在这同时你也惩罚着自己。

当你在大街上漫无目的地闲逛想晚点回家时,不如用积极一点的态度给争吵后的感情加温:回家一起吃饭;也不要再犹豫要不要接听你们吵架后他打来的第一个电话,除非你永远都不想接听他的电话,否则第一个电话和第五个电话有什么区别呢?

认识吵架,理解吵架,接纳吵架,学会吵架,是夫妻相处的基本功课。收放自如的吵架哲学,会是夫妻生活的"调味剂",感情升温的"催化剂",使感情的纽带越系越紧,能经受住任何的冲击。

夫妻吵架要避开的"危情时刻"

关于如何才能减少夫妻争吵的次数以及避免矛盾升级恶化，大多数读物或文章是从加强夫妻间的修养、沟通等处着手，但其实还有一个非常有效的方法被沟通专家们忽略了，那就是尽量避开情绪容易变得恶劣的时间段。

避开情绪恶劣的时间段？怎样知道一天中哪些时间段对方容易情绪变得低落？最近瑞典学者的一项研究为我们解决了这个难题：每一天总共有1440分钟，其中最容易引起夫妻争吵的有8分钟，一是早晨临出门上班前的4分钟，二是下班回到家的4分钟。这两个时间段都是我们身心最疲惫的时刻。

每天出门去上班之前，想到这一天将要面临的忙碌与烦琐的工作，心中总会不知不觉地充满着莫名的沮丧和不爽；而工作忙碌了一天下班回到家中，多半已是筋疲力尽，白天的疲累与不愉快的情绪很难一下子完全消除。显然，这两个时段正是人情绪最不好的时候，也是最容易被激怒的时候，说话也难以有好的语气和腔调。如果这个时候我们向伴侣提出这个那个的家庭生活或情感问题，极可能就会得到对方没好气的回答，撞枪眼上了嘛。一场夫妻间的争执也许就在所难免了。

基于以上研究结果，建议小夫妻们尽量避免在这两个时间段进行有关生活家庭情感等方面的讨论。如果硬要逆而行之，只图个人一时的痛快，由着性子来做，很容易挑起一场夫妻争吵。其实本来没什么事，最后却弄得两个人都心情不好，何必呢？非常不值得。

最近菲菲为一件事情非常后悔。那天下班回家，突然发现卫生间的灯坏掉了，就记在心里了。老公一进家门，外套还没来得及脱，她也忘了例行的拥抱，忙不迭地催促老公赶紧把灯修好。

老公在报社工作，刚好今天是报选题的日子。在下午的选题会上，他精心策划的两个选题统统被毙掉了，心里很不舒服，满脑子都是被毙掉的选题，根本没心思想其他的，他无精打采地说："明天上午再说吧。"

菲菲可等不到明天上午哦，她要洗脸、洗澡，还要自己做个SPA，这黑灯瞎火的怎么做啊？"不行，明天上午我还用得着你啊，找物业得了。"

要说老公呢，平时也挺好说话的，不知道今天哪里来了这股子横劲，看都不看菲菲一眼，"我说明天就明天。"

菲菲当时正在做饭，气得把勺子一摔，也撂挑子不干了，说："真不知道找你干啥的，连个灯坏了都修不了。"

可想而知，接下来两个人是一顿恶吵……

第二天早上醒来，菲菲就后悔了：昨晚干吗那么着急非得逼着他修灯呢？有过道里的灯照着，不也能看见吗？

老公也后悔了，心想：不就是换个灯泡嘛，举手之劳，干吗要发那么大脾气呢？真是莫名其妙啊。

其实，夫妻相处，有时候错的不是人，是时间。如果你在错误的时间哪怕是提了正确的要求，也不一定能顺利实现。

鉴于每天早上和傍晚的这两个4分钟如此危险，除了建议夫妻不要在这两个时间段做任何认真的讨论，最好还能主动给对方一些心理上的慰藉和关爱，比如表达爱意，送上问候，以及相互的拥吻等。这样做可以减少伴侣上班前对将要面临工作的沮丧、懊恼甚至是莫名的恐惧压抑感，减少伴侣下班后筋疲力尽的情绪疲累。

当然，生活中情绪低落期远不止这两个时段，比如人在身体不舒服时或工作不顺心时都是情绪低落期，在这样一些情绪低落期最容易引发冲突争吵，稍有不慎就可能让极小的一件事莫名地升级为争吵甚至不可收拾。所以，姐妹们和男人沟通的时候一定要注意挑个好时候，千万别撞枪眼上呀。

吵架时千万不能说的话

星星是我去年一本书的插图作者，两个月前她结婚，小两口很恩爱，通过她的个性签名，我就能感受到她新婚的甜蜜。每天早上我QQ登录后的第一件事就是欣赏她的签名，可是今天，突然来了个180度的大转弯，头像也从笑脸变成哭脸了，签名为：你给我做女人的机会了吗？离婚真好。

啊，我大惊失色，看来问题比较严重。我问她怎么回事，小姑娘说和老公吵架了，老公说的话让她很伤心，老公说她不像个女人。

听她这么说，我心里也咯噔了一下，怎么可以这样说老婆呢。但我还是比较理智地劝慰她，两口子吵架，你一言他一语，针尖对麦芒，话赶话，什么恶毒的话都有可能说出来，但那并不代表本意，所以不必当真。

连哄加劝地费了半天劲，星星的情绪总算稍好些了。

夫妻吵嘴时都处在气头上，所说的话往往不计后果，有些话会刺伤对方的自尊心，伤害其感情。所以和男人吵架时，无论心里有多气，无论男人多讨厌，下面的这些话，咱们是不能说出口的：

NO.1 "离婚！"

对夫妻来说，"离婚""散伙"是非常敏感、沉重的词，不到感情破裂时千万不可顺嘴而出。轻率地提及这些词是很危险的，一是容易撕裂夫妻间的感情纽带使对方产生不必要的猜测，变得心灰意懒；二是容易加深家庭矛盾，长此以往，就会真的出现离婚的恶果。王女士和丈夫感情不错，只是偶尔有点口角，这本来算不了什么，可是王女士一到情绪激动时，便口无遮拦，顺嘴便说："吵什么吵，不能过就离婚！"第一次这么说的时候丈夫还没有太在意，几次以后，他就觉得不是滋味了，以为是妻子移情别恋了，所以才把离婚挂在嘴上。一来二去,丈夫对她越来越疏远,两个人不久就真的走上了离婚的道路。

NO.2 "窝囊废!"

刘先生是位知识分子,对专业以外的事情不太在行。妻子看到别人的丈夫都能帮着妻子做些家务,炒菜做饭,非常羡慕,因此越发对丈夫不满,经常发牢骚说:"你可真是个窝囊废,干啥啥不行,做啥啥不会。"她的本意是刺激他学会点专业以外的本领,可事与愿违,她越是经常这么说,丈夫越是"窝囊",因为她使他怯于学习,他觉得无论自己多么努力,也不会赶上妻子的水平。这位妻子可能有所不知,她正用这些话语摧毁丈夫的自信心,伤害夫妻感情。

NO.3 "当初真是瞎了眼!"

类似的话还有"早知今日,何必当初""跟了你真是倒了八辈子大霉"等。愤愤地说这些话时,浓浓的懊悔情绪是显而易见的,这怎么能不伤害男人的自尊心呢?老公离职了,老婆惊呆了,想到这事会给她带来耻笑和白眼,会增加家庭的经济负担,还想到答应给儿子买钢琴……不由火气冲天:"当初真是瞎了眼,嫁了你这么一个没饭吃的男人!"话刚说完,脸上就挨了一个大大的耳光,因为老公也正在焦虑上火,听到这样的话又怎能不生气呢?其实,女人应在男人人生的航船遭受风雨的紧要关头,将爱的缆绳牢牢地系在对方的船上,用温柔的情感将其拉出险滩。任何后悔的话不仅不能解决问题,反而会使问题变得复杂,使感情之舟搁浅。

NO.4 "你管不着!"

夫妻间最可宝贵的东西是信任,最有害的东西是猜疑。生活中,有的夫妻因相互信任而和和气气,感情日益加深;有的夫妻因相互猜疑而吵吵闹闹,感情日渐疏远。"这事你管不着"这样的话往往容易使对方产生误解,以为你有什么事向他隐瞒，渐渐地他对你也就不信任了。比如，妻子回家晚了，丈夫问："你干什么去了这么晚才回来？"这本来是关心的话，可做妻子的如果正好赶上不顺心，就会说："你管不着！"丈夫当然会很委屈，还会暗自琢磨：她是不是有什么不可告人的秘密？猜疑不觉而生，于是家庭风波就不知不觉中酝酿起来。

NO.5 "撒泡尿照一照自己！"

俗话说：打人不打脸，骂人不揭短。所谓"短"，就是指人在体格、行为、思想品质等方面的不足，曾经的毛病，或者是本人最不乐意提及的事情。这些"短处"在夫妻生活中一般是讳莫如深的，就像伤疤没有人愿意忍痛去揭它。可是当火气上来时，这个心照不宣的默契就容易被打破，有些夫妻怎么痛快怎么说，完全不计后果。比如，有一位妻子对其貌不扬的丈夫恨恨地说："撒泡尿照一照吧，我的美男子！"这样说，分明含有人身攻击的意味，这是一种丧失理智的说话方式，不但会伤害对方的自尊心和感情，也会在夫妻二人之间掘出一道难以跨越的鸿沟。

NO.6 "你忘了你以前……"

在现实生活中，没对老婆做过任何错事的男人恐怕没有，他们有的对我们隐藏了自己的过去，有的可能在某次情绪失控的时候打过我们，有的可能经受过短暂的失业靠我们承担家用，有的……男人身上这些不光彩的过去被记性超好的妻子牢记在心，当成生气吵架时拿出来堵男人嘴巴的上方宝剑。有的人动辄以"你那个相好的"为题发表"演讲"，有的习惯说"你以前吃不上饭的时候还不是靠我养活呀，你忘了你吃软饭的时候了"，并以戏谑的态度和语言挖苦配偶，以为这样才能解自己心头的闷气，促使男人心服口服。殊不知，这样做最容易伤害配偶的自尊心，让他对你心生痛恨。

以上这些话如果你不听劝告，一吵架就拿出来送到男人的耳朵里，那你是不会有好果子吃的，他有可能伸出巴掌贴你脸上哦。

秒杀恶吵：
家是讲爱的地方，不是讲理的地方

秒杀恶吵？太玄乎了吧？真要有这样的方法，那这个方法定会和什么戒烟药、治癌药一样为人类所欢迎。

千真万确，真有。是多少夫妇、多少家庭用多少岁月、多少辛酸、多少爱恨、多少是非、多少对错，在纠缠不清难解难分的混乱中，梳理出来的一个最后结论：家不是讲理的地方，是讲爱的地方。当你和老公吵得面红耳赤恨不得一股邪风把他刮得从人间蒸发、恨不得一口气把他打入十八层地狱之时，一旦你想想这句话，你的气顿时消了大半。

"家不是讲理的地方"，既然如此，就没必要分出高低胜负，这又不是法庭辩论，也不是仇人相见，更不是两国交战，我干吗跟他较真呢？他信他的我信我的，不就得了吗？哈哈。这样一想，我马上闭嘴，不和他吵了，像什么事都没发生一样，从他手里抢过碗，说："老公，我再给你盛一碗饭吧。"

老公也笑了，自嘲地说："你说咱俩这是干什么呢？太没必要了。"于是我们一起坐下来吃饭，边吃边讨论"五一"去哪里玩。

在前面第二节的时候我已经说过，吵架要善意地吵，不要争输赢、定胜负，两口子吵架是为了交流思想、解决问题，而不是把对方打垮、压倒、说服。因为家庭不是法庭，不是战场，而是充满爱的小屋。

夫妻二人有了婚姻，再有一个常居的地方，这个地方就称之为"家"了。这里成为你劳累一天休息的地方，这里成为你和爱人共同营造的天地。却有一个常规不能走到这里，那就是理，虽说有理走遍天下，但走到家就行不通了，因夫妻间不是讲理的关系。

对于女人来说，当初嫁给老公，不是因他擅长讲理，而是指望他能疼自己、爱自己一辈子。如今他忘了疼自己，动辄要和自己讲道理。不错，老公很讲理、会讲理，这些自己早就知道，心里也明白，但听着就是那么别扭，老公你即便有一百零一个理由又能如何？

对于男性来说，当初娶老婆，不是因她擅长讲理，而是因她可爱，她能处处关心自己、照顾自己，她是个能疼自己一辈子的人。如今她忘了照顾自己、疼自己，却事事与自己讲道理，这心里能好受吗？

曾几何时，因一件小事而吵吵闹闹，有时甚至大打出手。当夫妻之间开始据理力争时，他们把这些争执归结于出身不同、思想不同、性格不同时，从此家里便蒙上了阴影，两人都会不自觉地各抱一堆面目全非的歪理，敌视对方，用最刻薄的言语伤害对方，最后两败俱伤，难以收拾。多少夫妻，为了表面的一个"理"落得负心无情。因为他们不知道，家不是讲理的地方，也不是算账的地方。

那么，家是什么地方？家应该是讲"爱"的地方，爱一时容易，爱一生一世却不容易。

婚姻刚开始时，就像一个储钱罐，你必须往里放东西，才能取回你要的东西。首先放进的应该是"思念"，"思念"是一种使我们刻骨铭心的东西，它是两个人有了肯定、有了情感，进而关怀、进而疼爱的一种情绪。然后还要放进"艺术"，在婚姻生活中，需要讲"艺术"的地方无处不在，生气有"艺术"，吵架也有"艺术"。除了这两样外，还有很多东西，都要放进去。你放的越多，得到的也就越多。

记住：家是讲"爱"的地方。家是温馨的角落，是用爱丈量的；家是休憩的场所，是用情来铺就的；家是停歇的港湾，是用心来营造的。

明白了这些，你就不会再轻易地在家里开展辩论赛了，因为没有任何一个辩题值得你用伤和气牺牲家庭来捍卫。

妥协不可耻，死硬才"悲催"

三年前，在接受两性关系培训时，我们的一位老师说，世界上，男人可以给两个人下跪，第一个是父母，第二个是自己的妻子。她是中国婚姻家庭研究会的一位专家。现在我想说的是，天下所有的女人，必须对一个人服软，这个人就是你的老公。

每次吵架后，如果是自己的错，一定要记得及时道歉。即使不是自己的错，也要主动表示修好，至少你得给男人一个下台的梯子。千万不要为了保全所谓的面子，葬送了属于自己的幸福。

《婚姻保卫战》中，李梅就差点儿犯了这样的错误。

该剧中的三个家庭，就数李梅和郭洋家的战乱最多了，她家是个乱子窝，一天不吵都过不去，郭洋忒大男子主义，李梅过于"事儿妈"，这样的两个人在一起，简直是火星撞地球！

当李梅一个劲儿地抱怨郭洋一天到晚不着家，在外面吃喝玩乐吹牛应酬时，郭洋不再是柔声细语，而是理直气壮地辩解：我是为了家担负外部经济重压！

当李梅不甘于聪明才智在煮饭洗衣、柴米油盐中荒废，终于冲出家庭摇身一变为职业女性时，郭洋开始觉得自己的自尊和家庭地位受到了双重威胁。

当才华横溢的设计师丈夫郭洋遭遇突变而失业，却不甘于像许小宁一样做一个全职"家庭煮夫"时，他们的婚姻遭遇了第一波危机。

再加上郭洋遭遇婚外恋的小火苗，李梅为捍卫婚姻屡屡猜忌，更导致这段婚姻濒临分崩离析。面对李梅的咄咄逼人、抱怨连连，郭洋从安慰、解释到分居、离家出走……

绚美的爱情，终究敌不过现实的骨感，他们选择到民政局解决。当他们毅然决然地选择离婚时，往日的温情又涌上心头。为了家庭，为了自己的爱人，在最后一刻，李梅放下了原来的骄傲和理智，主动地走出民政局。最终，让郭洋这个有着一点大男子主义思想的人，给自己找了一个台阶。

郭洋和李梅的婚姻，让我们看到，两口子之间没什么深仇大恨，没有不可调和的矛盾。家庭生活中，无所谓尊严。

正是因为如此，夫妻间应该学会自责，禁用指责。自责就是自我批评。人都有自我尊重的需要，当你知道错误时，最好在别人指责之前抢先认错，这会使双方都感到愉快。自我批评比别人的指责好受得多。为什么呢？因为自责本身，既满足了对方的自尊，又维护了自己的自尊。而指责是对配偶的错误和缺点进行批评和责难。虽然是一片好心，对方往往不领情。因为指责本身否定了对方的自尊，因而必会遭到"反扑"。所以，自责是解决矛盾、消除隔阂的最好办法。

夫妻双方，一旦知道自己错了，立刻用对方责备的话自责，对方就无话可说了。如果是对方的错，你先放下架子，自我批评一番，这样做，丈夫一方面会显得不好意思，另一方面又充满了对你的敬佩和感激之情。回过头来，会加倍地对你施以报答。因为你满足了他的虚荣和自尊。

有的夫妻发生矛盾时，为了保全面子，往往都不肯认错。丈夫方面的原因，是"大男子主义"在作怪，觉得放不下架子，"熊"在女人手里，没有了"大丈夫气概"；妻子这方的原因，是虚荣心太强，有时明明知道是自己的错误，但宁愿用行动来表示对丈夫的亲近，嘴上也绝不说半个"错"字。

如果在婚姻的紧急关头，我们为了所谓的理智和尊严，而不愿放下自己的面子，有可能会导致尊严保全了，但最终和自己的爱人分开了。

因此，夫妻间发生了冲突，妻子要主动承担责任。表示歉意时，一定要及时、认真、富有诚意。千万不要把道歉的时间推迟到"以后"和"明天"，事后的道歉不会有多大效果。即使当时你还不能肯定自己是否错了，也最好先表示歉意。管它是谁的过错，咱先把关系修好了，再计较也不迟。

如果说到这个份儿上,你还是放不下脸面主动给对方道歉,那你就让自己做一道选择题吧:是宁愿低头认错呢还是情愿失婚?

适可而止,别让争吵升级为战争

就像"事件"和"事故"的危害不同一样,"吵架"和"战争"也有本质的区别。如果说夫妻吵架是夫妻沟通的一种另类形式,而家庭战争则是破坏夫妻感情、引发夫妻关系瞬间分崩离析的重磅炸弹。据相关资料显示,夫妻双方发生矛盾而引发争吵,很少是因为原则问题上存在分歧,而经常是由于丈夫埋怨妻子唠叨、不善持家、乱花钱,妻子责怪丈夫懒散、事业上没有成就、不顾家、爱抽烟喝酒这类琐碎的问题。

那么,是什么原因使夫妻之间的战事不断升级,最后发展成不可收拾的具有毁灭性的战争呢?

一般而言,导致争吵升级为战争的常犯错误有以下几个:

1. 进行人身攻击

每当有姐妹向我哭诉遭遇老公的"黑手"攻击时,我都问她:"这之前你对他人身攻击了吗?"98%的情况下我会收到肯定的答案。

据我所知,很多女人和老公吵架时挨打的原因,大都是说了过分的话,对爱人进行人身攻击。吵架的时候口不择言是很正常的,可是每每吵架就口不择言地揭对方的伤疤,末了还要在伤疤上撒点盐,这是不是也武狠了点?一吵架就来这套,正常人谁能受得了?

你可能仅仅为了解气,可能是想尽快灭掉他嚣张的气焰,而将他的弱点或痛处当成了你伤害他的最有力的武器。但是你有没有想过,在他向你展露出他的脆弱之处时，是把你当成了最心爱和亲近的人，而你却在此时利用了他当初的信任，这时你带给他的不仅仅是伤害，而是羞辱。而你们的感情有可能因为你的口不择言而遭受更大的重创。

2. 不就事论事，乱开炮

在发生口角时，你的大脑是否仿佛有一个数据库，只要和对方有关的人，无论是父母朋友还是同事邻居，一律"杀无赦"？一个简单的争执，却因为你的乱"开炮"，从他身上扩展开去：他父母去年中秋没有请你吃饭；他那穿"开裆裤"的死党很不识相，经常到你家骗吃骗喝……吵到最后，你撂下一句伤人的话："我要是单身多好啊！"

这是夫妻争吵的大忌，女人在争吵中往往翻腾出陈芝麻烂谷子的事儿，男人会觉得这个女人纯属没事找事，无理取闹，会有制止的欲望，心中的火气也跟着猛涨。

建议大家绝对不要在吵架时牵拖出一大堆陈年旧事，不要打击对方的家人、朋友以及同事、老板，否则战场将无限扩大，而你原本所想解决的问题却连影子都没看到。

心理学家建议我们，在开战前 30 秒，先问自己三个问题：一、究竟是什么在让你生气？二、这件事情是否很糟糕，需要通过吵架来解决？三、吵架能解决问题吗？在回答完这三个问题后，你会发现，有些事情根本不值得争吵。

3. 出言不逊，说脏话

人在生气的时候情绪失控，失去理智，往往嘴巴失去控制，很容易讲粗话、脏话，脏话说出口自己都意识不到，而听见的人以为是骂自己，肯定会怒火中烧。很多女人在吵架中挨打，就是出现了口无遮拦的情况，男人气不过就动手打人了。当然，无论如何，打人是不对的。

吵架归吵架，不管吵架的起因是什么，到底错的是哪方，如果吵架的过程中，某一方出口骂人，那么尽管你再有理，现在错的已经是你了。特别是吵架时辱骂对方父母、亲朋的，这是非常没素质的一种表现。咱就不说骂的那些伤人的话有多恶心了，单指骂人这一件事来说，你们夫妻俩吵架，凭什么家人亲朋就得跟着倒霉？就得被扯进来挨骂？自己小夫妻的事情，关起门来自己解决，吵不解气哪怕打起来都行，凭什么骂人？而且都是骂一些至亲的亲人？这合适吗？

再者，你骂对方、骂对方的亲人，这搁谁谁也不愿意啊！或许引起你们吵架的本是小事，可是就因为这一撒泼开骂，小事变成了大事，小吵变成了大闹。而且，如果事情真闹大了，被指责最多的肯定还是骂人这方，相信不？

所以说，再怎么吵再怎么闹，千万不要骂粗口。都是一家人了，骂着谁都不合适，除非你真决定不跟他过了！再说了，即便不准备过了，骂人也不对，在幼稚园的时候老师就教咱了：骂人是不道德的！

4. 摔东西

夫妻两人吵架，吵来吵去不过是口舌之争。可若是一方开始摔砸东西，就意味着冲突升级了。摔东西本身就是一个很恶劣的肢体语言，这样的肢体语言会让人变得疯狂，失去理智。这种乱摔乱砸东西的行动不仅恶化了气氛，而且也会使对方更为伤心。因为他认为你这是对他、对家庭缺乏感情的表现。再说这种行为，就是从经济上来说也是不值得的，这些砸烂摔坏的东西迟早还得你们自己出钱去买。

结婚两年的林小姐就是因为吵架爱摔东西而导致离婚的。她说，我不知道别人家的夫妻怎样生活，可是我和老公是经常吵架的，我们在一起两年多，越吵越凶，我真的觉得生活好累，真不知道结婚到底是为了什么。记得有一次，他答应我说晚上9点回来，结果10点都没到家。这还不算，竟然还关机。等他12点钟醉醺醺地回到家时，我不动声色，把他手机抢过来给砸了。结果就是一场"恶战"。他砸了音响，我砸了家具，第二天看到一片狼藉，我就想离婚，因为我实在不知道到底还有什么理由能让我们继续生活下去。

5. 打孩子

城门失火殃及池鱼。在有孩子的家庭，很少有父母吵架不被牵连的孩子。拿孩子撒气这件事我们女人做得最拿手，有的女人对老公不满或者心里不痛快，会把火气发在孩子身上，指桑骂槐。这样一来，本来两个人的事情就扩大成三个人的事了，丈夫会出于保护孩子的角度和妻子继续开战，这样两口子的口水战就升级为对孩子的保卫战了。

如果你不想快速结束你们的关系，一定要控制争吵的火候，适可而止，不要让争吵升级为战争。

用温柔淹死那头咆哮的狮子

你能想象一下，假如某女明星和你老公吵架，那会是什么光景？

这架恐怕吵不起来吧。面对那样一个娇声柔气的女人，怜香惜玉的男人，哪个舍得对她大声咆哮呢？男性的特征之一就是强悍，他们以能保护弱小的女性为骄傲，以欺负弱小的女性为耻辱，这也是男人在婚姻生活中存在的价值。

如果你不想和男人争吵，那就不妨示弱吧，用你的温柔淹死那头咆哮的狮子。

安妮是个自由撰稿人，丁克一族，二人世界过得倍儿滋润，但最近因为"外人"的加入，两口子起了冲突。

暑假了，老公把外甥接到家里来住几天，事先没和安妮商量。安妮呢，恰好又赶上最后交稿那几天，夜以继日地赶稿，焦头烂额的，照顾不好亲戚呢也不妥当，所以对老公的做法很有意见。

到了晚饭时间，安妮实在是不想做饭，就叫了外卖。

老公下班回来就不高兴了，觉得亲戚第一次来，老婆连饭都不做，这不明摆着对自己家人不好，给他难堪吗？

勉勉强强凑合着吃完饭，老公关起门来向老婆训话。

安妮本来就被催稿催得脑袋大了，对老公不理解自己的工作心有芥蒂，没想到他还挑三拣四的，心里也是一百个不服，就争吵起来了。

今天的老公格外陌生，像是吃了枪药，跟个婆娘似的喋喋不休，像头咆哮的雄狮。安妮想尽快结束这场争吵，免得破坏了写作的灵感。于是她想了这么一招，收拾起自己的衣服和电脑，准备躲出去避难。

出门的时候，她柔声细语地央求老公："明天就要交稿，可有人不让我工作，我得找地方写稿子去。这么晚了，作为我的老公，你难道不送一送我吗？"

就这一下，老公不说话了，目光也柔和了下来，坐在床边上愣了几秒钟，不好意思地说："别走了，等你忙完工作再说吧。"

安妮也收回了自己准备离家出走的假动作，把电脑包放桌子上，搂住老公的脖子，温柔地说："这才是我的好老公。"

过了一会儿，老公端着一杯柠檬水过来了，还关切地说："别上火。"

张爱玲说："善于低头的女人是厉害的女人。"果真如此呀，设想一下，如果当时安妮强势一些，不示弱，把自己工作的压力、心里的委屈、生活的烦恼一股脑儿地倾吐给那头正处于气头上的"咆哮的狮子"，她会得到老公的理解吗？当然不会，她得到的是一场家庭战争。相反，安妮理智地避其锋芒，以柔克刚，不仅保全了自己的工作，降伏了那头狮子，还迎来了老公进一步的殷勤，这才是赚呢。

习惯强势的女人可能会看不惯，她们认为低头的女人太怂了。其实，善于低头，不是一味低头。女人偶尔示示弱更能激起丈夫的男子汉气概，更能赢得丈夫的百般疼爱。莫泊桑的小说《我们的爱情》、亨利克·显克微支的《海边情思》里的女主角皆为富裕美艳的年轻寡妇，让所有男人围绕于裙下是她们最上瘾的事。高高在上的女人，凌驾于一切男人之上，当她们遇上不能立马降伏的男人时，她们使出的手段全部一样——示弱。

因此，适时地示弱应该是女性在家庭生活中的聪明选择。不论你在社会上是怎样的强大，但是回到家里你仍然是一个妻子，要把你的情感需求毫无保留地流露给自己的丈夫。如果你真的比丈夫优秀，在家里也最好收起锋芒，平和地对待丈夫，以一颗平常心去面对生活。尤其是在吵架的时候。当你的男人像一头发怒的狮子对你大喊大叫时，你不要和他硬碰硬，你越强悍，越会使得自己陷入被动和绝望。因为那时候，你讲什么道理他都听不进去，他的情绪已经失控了。所以你最好柔下来，用温柔淹"死"他，让他一拳打在棉花上。

第七章

女人幸福定律：
唠叨没了，幸福来了

女人天生是话痨

女人为什么爱唠叨？

对许多男人而言，这可真是个恼人的千古奇案，也是自己痛苦的主要来源。无论什么时候，不管是恋人还是夫妻，叽叽喳喳说话的总归是女人。在私人时间里，男人沉默的时候比较多。无从考究人类的第一句话到底是男人还是女人说出的，但是假设人类要灭亡，我想，所有和女人交往过的男人都会认为，最后闭嘴的一定是女人。

女人为什么爱唠叨？这里面有几个原因：

1. 女人天生口才好

男性的说话能力只及女性的十分之一。根据X光片显示，女人的大脑中负责处理语言的部位大概是男人的六倍。女性使用脑部的八成能力作为沟通之用，所以她们的说话能力较强。男性则集中于解决问题和达致实质的目标——全都是一些无须使用语言技巧的能力。

因此不要问女人为什么多话，她们天生就是这样。

2. 人类演化的原因

女人爱说话是人类演化的自然结果。她们在住处（洞穴中）养育儿女，因此她们有更多机会和他人接触、聊天；而为了维持一个家族或整个区域的和平，女人也比较懂得如何协调、沟通。

3. 女性的大脑可以一心多用

女性的大脑结构决定了她可以一心多用：她可以同时用手玩4-5个球；她可以一边用电脑一边接电话，同时还听别人在她身后说话，并且在整个过程中不断地喝咖啡；她可以在谈话中同时涉及好几个毫不相关的话题，所以男人在听女人谈话的时候总是跟不上她的思路。

由于以上这些生理的和历史的原因，可以说，女人天生就是话痨。根据统计，女人一天平均可以说（约）2万—3万个字。

当女人今天在外面只说了几千字的时候，她总要找到机会把"剩下没用掉的两万字用完"。而这个时候如果碰巧她的男人回到家，有可能会发生争吵。

女人："嗨！亲爱的，你回来啦。怎么样？你今天还顺利吗？"

男人："还好。"（男人这样说的时候，就已经表明他很累，只想找个清净的地方发呆，休息。）

女人："你的计划有被领导接受吗？同事们都还赞同吧？"

男人："嗯。"（他不能理解为什么她会一次问两个问题，只好含糊其词。）

这时男人想要快点把话题结束，但是又不能显得冷漠，于是他反问："我一切都ok，你呢？"

这正中女人的下怀了，她心想：终于逮到机会可以好好说说了。

女人："我跟你说，今天啊我本来要趁中午休息的时候和同事一起去商场买那一件套装，对对对，就是上周我们去逛街的时候我看到的那一件啊，都怪你当时没让我买。谁知道急匆匆地忘了带钱包了，气死我了。后来我们就随便逛了逛，买了本杂志，现在的时尚杂志啊，通篇的广告，几乎没什么内容的……"

男人（脑中有什么东西断裂的声音）："我早就跟你说过钱包不要乱丢，你就不听！"

女人（一脸错愕）："可是我真的不是故意的啊。你干吗那么凶？我又没丢钱。这还没花你钱靠你养活呢。"

男人："我哪有很凶？"

女人："你上次也是这么凶！你每次都不听我说话！我一说话你就烦。"

男人："我哪像你说的'每次'都这么凶？"

……

接下来我想大家都知道会发生什么事。

在语言能力上面，男人确实不是我们的对手，所以才有了"好男不和女斗"的说法。

不过，让沟通专家们很伤脑筋的是，女人的唠叨总是让人欢喜让人忧，因为女人只有喜欢一个男人的时候才会没完没了地和他说话，对于不喜欢的男人则懒得理他。女孩子在相亲的时候，如果对男孩有感觉，才会问他很多问题，也会把自己的情况和对方说得很多。如果没有感觉，一看就烦，草草说几句话就完事了。

我自己在这方面也有很深的体会，有一段时间和老公关系很好，就很有说话的欲望，恨不得钻进他的口袋时刻保持联络。每到中午吃饭的时间他若不打电话过来我就不舒服。可是当我对他出现审美疲劳的时候，也有男人那种"藏进洞穴"的需求，就不喜欢和他交流，接电话的时候也是三言两语就想结束，甚至盼着公司安排他出差几天才好呢。

所以，女人爱说话是天性，也是男人的荣幸。但是，如果咱们不审时度势，不掌握唠叨的艺术，随口乱说，那就是灾难了，是男人的灾难，是自己的灾难，甚至是社会的灾难。

唠叨是婚姻的大敌

世界上最厉害的爱情杀手莫过于男人觉得自己的妻子越来越像妈妈，世界上最无坚不摧的第三者是唠叨。

一对夫妇在河边钓鱼，夫人在一旁唠叨不休。不久，有鱼上钩了。夫人说："这条鱼真够可怜的！"先生说："是啊！只要它闭嘴，就没事了！"

一个男人和妻子逛街，妻子看到以前的同事带着孩子走过来，结果两个女人在街上没完没了地聊起天来，这个男人只好等在旁边。回到家中，男人抱怨了一下，结果引起了妻子连串的指责。刚开始，男人还会辩解，但是很快他意识到倘若他不保持沉默，妻子定会不依不饶。男人甚至下了决心，再也不和妻子辩解了，反正也争不过。

这样下去，夫妻关系会变成什么样，可想而知。

针对妻子而言：唠叨对婚姻生活有极大的危害，爱唠叨的女人没有一个是幸福的。

记得在一本杂志上看到世界文学巨匠托尔斯泰的婚姻故事：

托尔斯泰和夫人应该是幸福的一对。名声、财富、社会地位、孩子。天下从来就没有像这样的婚姻，在开始的时候，他们的幸福似乎太完美、太甜蜜了，一定会白头偕老。

然而好景不长，托尔斯泰慢慢改变，变成一个完全不同的人。他对自己所写的巨著感到羞耻，并从那个时候开始，献身于写些宣传和平以及废除战争和贫穷的小册子。

托尔斯泰的一生是一场悲剧，而之所以成为悲剧，在于他的婚姻。他的夫人喜爱华丽，但他看不惯。她热爱名声和社会赞誉，但这些虚浮的事情对他毫无意义。

她渴望金钱财富，但他认为财富和私人财产是罪恶的事。多年来他坚持把著作的版权一分不要地送给别人，她就一直唠叨、责骂和哭闹。她要拿回那些书所能赚到的钱。当他不理会她的时候，她就歇斯底里起来，在地上打滚，手上拿着一瓶鸦片，发誓要自杀，以及威胁说要跳井！

当托尔斯泰82岁时，他再也不能忍受家里那种悲惨不快乐的情形了，于1910年10月一个大雪的夜里，逃离了他的夫人——逃离寒冷的黑暗，不知道到哪里去好……后因肺炎死在一处火车站里。

临死前他只有一个可怜的要求：不许他的妻子来到他的身边。

这就是唠叨、抱怨和歇斯底里所得到的结果。托尔斯泰的夫人也发现了这点——可是太晚了，在她逝世之前，她向儿女们承认道："是我害死了你们的父亲。"儿女们知道母亲是以不断的埋怨、永远没完的批评和没完的唠叨把父亲害死的。

无独有偶，林肯一生的大悲剧也是他的婚姻，而不是他的被刺杀。23年的婚姻里林肯夫人每一天唠叨着他，骚扰着他，使他不得安宁。她老是抱怨这抱怨那，老是批评她的丈夫，他的一切从来就没有对的。她抱怨他走路没有弹性，姿态不够优雅；她模仿他走路的样子取笑他。他的两只大耳朵成直角地长在头上的样子，她不喜欢。她甚至还说他鼻子不直，嘴唇太突出，手和脚太大，而头又太小……

这样的唠叨、咒骂、发脾气，是否就改变了林肯呢？从某一方面林肯有所改变，他尽量避免和她在一起。每个星期六是与家人共度周末的好时光，他都找借口不回家，宁愿住旅馆，而不愿意回家去听太太的唠叨。

这些就是林肯夫人和托尔斯泰夫人唠叨所得到的后果。她们带给生活的是悲剧，她们毁掉了一切珍贵的东西。

这样的悲剧我还能举出更多：古希腊那位伟大的哲学家苏格拉底为了避开他的脾气暴躁、指责不停的妻子，宁愿躲在雅典的树下思考哲理。郁金妮虽然是尊贵的皇后，但她的丈夫拿破仑三世为了避开她，经常在夜晚去和一位美丽不唠叨的女士约会。即使贵为皇后也无法保有娇嫩的爱情之花，所以唠叨伤害的不仅是男人的自尊与自信，还有他们对婚姻的忠诚。所以我说，唠叨是"最无坚不摧的第三者"。

因此，如果你要维护家庭的幸福快乐，请记住：绝对不可以唠叨。在适当的时候保持沉默是女人必修的功课。当喧嚣到达了某种地步，一定要沉默来搭配的。千般灿烂终究归于平淡，这就是种摄人的美丽。

男人为什么惧唠叨

有一份调查显示，男人讨厌女人做的事情当中，排名第一的就是"啰唆唠叨"，远高于排名第二的"不爱打扮"。看来连一向好色的男人都宁可忍受丑女，也不愿忍受唠叨女。

男人为什么这么讨厌、惧怕来自女人的唠叨？这是因为根据男性的心理，女人的唠叨意味着男人权力旁落或能力不足。

1. 唠叨代表权力旁落　只有权力高的一方能命令权力低的人，女人不断要求命令，就意味着权力的移转，男人当然不爽。

给男人带来这种感觉的唠叨通常是"提醒式"唠叨——老婆关心丈夫，提醒老公怎么怎么做。

很多女人都意识不到自己是在"唠叨"，当遭遇丈夫发火时，她们很纳闷，心里在抱怨男人：我不过是关心你才提醒你注意，怎么惹得你的反感呢？真是狗咬吕洞宾不识好人心哪。可是她们好心的"提醒"在男人理解起来就是"命令""指令"。

丈夫坐在电脑前玩游戏，一坐就是半天。妻子烧好了饭菜，叫丈夫吃饭。

第一次，妻子说："快点过来吃饭。"

丈夫说："知道了！"

等了一会不见动静，妻子喊第二次："我让你过来吃饭！"

丈夫说："马上来！马上来！"

但是游戏打到精彩处，怎能轻易下线呢？于是，当妻子口气很不善地喊"你到底吃不吃啊，不吃拉倒"时，丈夫也火了："喊什么喊，你自己先吃，我难道不会吃饭吗？"

"你知道不按时吃饭对身体多么不好吗？到时候生病了别让我侍候你。我怎么找了你这个不懂生活、不关心健康的人！"妻子也说了冒火的话。

一场口舌之战就这样轰轰烈烈地开始了。

妻子认为她只不过是出于关心，提醒老公按时吃饭，而老公则理解成命令他吃饭，从心底排斥老婆的强势，所以才反感。

作为妻子，正确的做法应该是第一次的时候就这样说：老公，咱该吃饭了。就叫这一句，吃不吃由他定吧，不吃也不要管他了。

2. 唠叨暗示能力不足 男人认为，我做事自有分寸，轻重缓急都能掌握，哪需要别人指示。所以一听到女人说这说那，就觉得她摆明了不信任我的能力。

引起男人产生这种感觉的唠叨通常是"指责型"唠叨。这种唠叨是让男人感到不舒服的。

在采访中我了解到，当女人想向男人提出要求时，经常不是正面表述自己的希望，而是采用一些让人听起来很有指责、抱怨味道的词汇和语调，比如"我忙了一整天了，骨头都快断了，你就不能给我帮帮忙""你还是不是男人了，就知道看电视，这个家你到底管不管了？你就不能把垃圾倒了？"……用这种方式提出问题，而不是从正面说希望男人怎么做。这种情况下，男人觉得女人是在嘲笑自己的能力，当然不会积极地去响应女人的请求。于是女人只好反反复复地唠叨，她们清楚这样做会让男人很生气，但她们还会义无反顾地去做。因为她们坚信自己是正义的一方，自己的唠叨、抱怨是有依据、有理由的。

3. 唠叨表示不够幸福 女人也许认为说话是分享心事，听到男人耳中却被翻译成"你在怪我不能让你幸福……"要不你哪来这多的苦？而自己每天做牛做马，没料到她仍不幸福，男人越想越沮丧。

有的女人不管事情大小，一开口就没完没了，从柴米油盐到花草酒水，从日升日落到花开花谢，天上地下，无所不包，总是男人做得不对。把男人唠叨烦了，还来个掩面而泣，当然是声小力微的那种。然后，从当初被男人所"骗"嫁人开始，说到至今没有过上舒服惬意的日子，直说得男人眼眶发红，鼻子发酸，感觉自己枉做了大男人，到最后甚至有些肝肠寸断、恨铁不成钢的悲壮！这样一段时间过去，男人会产生深深的自卑感，觉得没有保护好自己的女人。

无论什么类型的唠叨，从男人的角度来看，都是一种间接的、无休止的、否定性的提醒。它提醒你还有什么事没有做，或提醒你还有什么缺点。而这种提醒总是发生在傍晚，也就是男人最想放松一下的时刻。

女人越唠叨，男人就越躲在"掩体"里不出来，气得女人发疯。这些掩体包括报纸、电脑、阴沉的脸、工作、装聋作哑或电视遥控器。没有人愿意被唠唠叨叨地指责，男人一旦遭受到唠叨，就会把女人一个人晾在那里，让她满腹委屈；而她越被冷落，唠叨就越发变本加厉。

女人越爱唠叨，就越被冷落。女人越被冷落，就越唠叨。唠叨一天不停止，这样的恶性循环就会一直进行。

请牢记唠叨的"破唱片效果"

在网络搞笑版《大话西游之唐僧》里，有这么一段：

悟空一大早起床看见唐僧仍然坐在电脑前敲打着键盘。
"师父啊！我们这个月的电话费已经超额了啊！"
"悟空，你是不是想要为师为你付电话费啊？"
"如果你想的话你就说嘛！虽然你很有诚意地看着我，但你不说为师怎么知道啊！你说了我才知道嘛！"
"悟空你到底是不是真的想要为师为你付电话费啊？"
只见悟空倒在厕所旁边狂吐。
唐僧又继续敲打着键盘。
"观音姐姐你出来跟我说说话嘛！虽然你一个晚上都不理我，但你一定看见我的话了。你告诉我你是不是看见了啊？"
观音忍无可忍："唐僧，别人说你烦我还不相信。今日一见，你果真烦啊！我叫你去取经，你为什么还给我留在这里上网啊？"
"姐姐，事情是这样的，你送我的那只白龙马它又肥又懒，每天吃的东西比我还要多。不如你就给我随便换个奔驰，或者法拉利也可以。还有悟空的那个紧箍圈，它的信号实在是太差了。有一次悟空帮我去买演唱会的票，结果我就遇到了妖怪，害得我念了十几次的紧箍咒悟空才收到。"
这会儿，只见电脑另一头的观音已经晕倒了！
……

女人觉得自己还不至于在男人面前啰唆到"网络版唐僧"这个地步，但在有些男人的眼里，女人的啰唆却近乎这样的形象。

"东西乱拿乱放，毫无规矩，臭袜子随便扔，垃圾该倒了却迟迟不动，家里的东西坏了也不及时修，下班不早回家，还喝那么多的酒……真不知道如果没有女人，男人还能不能活在世上。"有过和女人相处经验的男人对这些唠叨应该耳熟能详，他们有的给唠叨老婆还取了个名字，叫"碎碎念"。

如何在婚姻的城堡里免受"唐僧""碎碎念"的"迫害"，大部分男人都选择了这种自卫方式——装聋作哑，左耳听右耳冒。这时候，就会产生"破唱片效果"。

"破唱片效果"是指男人针对女人在一天中数以百计的唠叨所产生的假装听不见或根本不听，只要女人话匣子一关或女人起身离去时，马上不再假装听不见。

我曾经亲耳听见一个男人对另一个男人传授"防唠叨经"。

甲：大哥，嫂子唠叨吗？

乙：这还用问吗，不唠叨就不是女人了。

甲：我烦死了，从我回到家一直到上床睡觉，她总是不停地唠叨。我每天生活在她的斥责中，她经常说的就是"你今天还有什么没做，你这周还有什么没做，你这个月还有什么没做……"我实在受不了了，真后悔结婚这么早。

乙：你媳妇比起你嫂子来那差远了，你嫂子半夜起来上厕所都没忘唠叨我，嫌我睡前没把厕所门关好。

甲：那一辈子长着呢，怎么过下去呀。

乙：哥教你一招，她唠叨她的，你干你的，左耳听右耳冒，想给她面子就"嗯"一声完事，再唠叨的话那就出去遛弯儿，或找哥哥我喝酒。这些年我就是这样过来的，效果很好。

甲男听得两眼直冒光，就像葛朗台见了黄金一样。看来，"破唱片效果"今晚又要在他家产生了。

一旦产生"破唱片效果",女人的唠叨就完全被狡猾的男人利用了:不嫌累你就尽管说吧,反正我不理你,无论你说得难听好听,都是我耳边刮过的一阵风。

这种情况下,你还有必要再说吗?沟通必须是双向的,当男人把自己关起来,你的语言得不到回应时,赶紧闭上你的嘴巴,别当坏男人的"破唱片"。

掌握唠叨的艺术,唠叨女变成"解语花"

每个男人都渴望身边有朵善解人意的"解语花"。当自己烦恼时,女人能够恰到好处地温言宽慰。然而,一些女人也很委屈,曾几何时,我们年方二八正值豆蔻年华,我们处处显得羞涩,一说话就脸红,我们从来不唠叨。大部分女人都认为唠叨是男人逼出来的。还有,谈恋爱的时候,他们从来都不嫌我们唠叨,反而还用各种各样的伎俩逗我们说话,怎么"唠叨"他们都觉得不够,我们骂人他们都觉得"动听"。所以真正的唠叨都是男人逼的,都是从为人妻、为人母开始的。

的确,有男女就有分歧,有婚姻就有唠叨。一旦结了婚,小两口朝夕相处,一些摩擦就在所难免。大多数的男人在家里总显得懒散,家务活也肯定比妻子干得少,或者说不会干,甚至懒得动。于是,谈恋爱时"动听"的女人逐渐开始向"唠叨"的女人蜕变。

综合男人的痛苦和女人的委屈,我一直在思考,能不能让唠叨重回"动听",把"唠叨女"变成"解语花"?

事实证明,这是完全可以的。

当我感觉我的唠叨惹老公厌烦,况且自己也烦了自己的时候,我开始坐下来反思。

那天，我在工作上遇到了很大的麻烦，某出版社跟我约的稿子，我已经写了好几个月了，结果他们不做了，当然并没有说不做而是让无限期搁浅。我简直气炸了肺。

我知道，如果我还是按照以前的方式，拿起电话就跟老公发泄，或者他一进门我就抱怨、唠叨，他一定会不高兴。

怎么办呢，其实我也没想好怎么办，反正我知道，我不能把火气发在他身上，他一直支持我的工作啊。

七点多的时候，老公进门了，我照例去开门，把拖鞋递给他，把水放在茶几上。唯一的差别就是话少了。因为受了挫折和隐形的欺骗，我很忧伤，蜷缩在沙发上，盯着天花板发呆，一句话也不说。这不是我平时的风格。

老公有点小紧张，问我怎么了。

我说没怎么了，有问题也是自己的问题，我得自己解决。

无论他怎么问，我都不说，只是无助忧伤地望着他。

我真是做梦都没想到，老公怎么突然这么温柔体贴，他抚摸着我的脑袋，"有什么问题说出来吧，我可是传说中的点子王，帮你出出主意。"

当他说这话的时候，我感觉浑身被一股暖流包围，弱弱地说："我当然想说啦，就是怕说了惹你烦呢。"

"哪能呢？保护你是我的责任啊。"

那天，老公对我的事情表示极大的关注和耐心，这种感觉在我们之间消失了很长时间了，那晚我真的唠叨了很多，什么我是弱势群体呀，出版社的流程呀，客户的信誉呀，写稿的辛苦呀，生活的压力呀，发展的瓶颈呀等等，可是老公一点都不嫌我唠叨。

从那以后，我明白了，其实唠叨也是个技术活儿，稍微注意一下技巧，"唠叨"就不再是唠叨了。

女人怎么做，才能减少跟男人唠叨的感觉？除了像我那样唠叨之前先制造"楚楚动人"的气氛，你还要掌握下面的技术要点：

1. 先说出自己的目的

请别开口就絮絮叨叨,先告诉他你这番话的真正目的,以免他老兄会错意,误把分享当责怪。例如,

"我没有要怪你的意思,我只是想跟你分享心情……"

(说服男人回答,要诱之以利,告诉他这么做对他有啥好处。)

2. 别一进门就唠叨

他一进门你就说话,可是大不智的表现。聪明的女人会挑时间、挑心情开口,不妨先告诉他:

"我知道你今天辛苦了,我先不吵你,让你休息一会儿,等你有心情说话时,能不能来找我一下?"

如此一来,休息后的他就有足够的情绪能量来照顾你的心情。

3. 少说"你",多说"我"

开口抱怨时一直说"你",很容易让对方产生自我防卫的念头,因而开始争论不休,例如,

"怎么说你都当耳边风……"

请试试看多用"我"开场:

"我觉得有些不受重视……"

4. 直接表达

女人常期望自己不用说,男人就能明白她们心里在想什么。她们假想,如果她们打哈欠说"我累了,我要先上床睡觉了",男人就会去刷牙,用漱口水漱口,让口气清新,喷上除体臭剂,穿上舒适的睡衣,然后去床上找她,做爱做的事。实际上,男人是嘴里咕哝几句,从冰箱里拿出另一罐啤酒,坐回沙发上看他的运动比赛节目。他们绝不会想到,女人说话的方式是迂回的。而女人就孤单地坐在床上,最后怀着自己没人爱的想法睡着了。女

人讨厌男人猜不透自己的心思,就在心里或者嘴上唠叨开了。

掌握了以上这些沟通技巧,你和他就不会再受唠叨之苦,而能享受开心沟通的幸福!

给唠叨找个合适的"第三者"

结婚三年的小薇近日和丈夫陷入了"冷战"。丈夫在某公司担任地区销售主管,事业正处于上升期,工作繁忙。而她是坐办公室的,时间相对空闲。为了给丈夫"枯燥"的生活增添情趣,她经常趁晚上吃饭时将上网、聊天时听到的笑话,以及最新的电影讲给丈夫听。但令她恼火的是,丈夫似乎并不领情,对她声情并茂的叙述经常以"嗯啊"敷衍了事。

最近小薇的工作发生了变化,新上任的领导为了在部下面前树立威信,经常拿资历最老的她"开刀"。她觉得万事不顺心,吃饭时常跟丈夫诉苦。没想到丈夫冷声呵斥:"你能不能别这么唠叨啊?"她觉得自己很委屈:"平时都是我关心你的工作顺利不顺利,现在我工作出了问题,为什么你一点都不关心?"丈夫的反问让她更加伤心:"你觉得你每天说的那些有意思吗?我更需要安静。"

经过几次"热脸贴冷屁股"上的打击后,小薇也开始想办法了。她不再自作多情地把时间放在老公身上了,开始把时间省下来练习瑜伽。工作上的难题和同事之间的破事也不再一股脑儿地跟老公说了,她常常说给床上的洋娃娃听。虽然得不到声音的回应,但她每天晚上梳洗打扮完毕,抱着可爱的洋娃娃吐露心事的气氛让她很陶醉,她感觉是公主和精灵在对话。有时候也会给闺蜜打电话,也有时候会给老妈念叨,还有时候谁都不说,留下来自己消化。此外,她还找到了一个比较原始的唠叨载体——写日记，一方面可以练习字体，另一方面也可以舒缓心情。总之，这任何一种方法都比热脸贴老公的冷屁股强。

这样坚持了有半个月，小薇的状态就完全不一样了，她不再是老公讨厌的"唠叨婆"了，反而有了公主般的高贵气质。有几次当看到她在瑜伽垫子上伸展自如的时候，老公还过来鼓掌；看到她听着轻音乐在台灯下写日记的时候，老公甚至感觉到紧张，抢她的日记看，担心她是不是有了别的心上人。

这时候，拽的是小薇了，她故意发脾气地说："你不让我和你唠叨，我跟自己唠叨你也管呀。"

当老公上赶着追着自己盘问的时候，老公别提有多紧张了，每天晚上吃完饭都要拿出半小时的时间和小薇交流……

男人就是这么个贱脾气，女人绞尽脑汁跟他沟通的时候，他装聋作哑高高在上；当女人把他搁置在一边，还他清净的时候，他似乎又不甘寂寞，开始习惯了唠叨。唉，生活真是处处充满了矛盾和戏谑。

其实，在唠叨对象的选择上，咱们女人真没必要这么死心眼，感情上执着点倒也罢了，何苦非得对着一张脸说呢？

如果你的老公开始对你的唠叨表示厌倦，发出拒绝收听的"信号"时，你也不妨学小薇那样给唠叨找个"第三者"，找个新载体，只要能把你想说的话发泄出来，哪怕给你家的小狗、小猫、小刺猬、小盆栽说说都行的。如今有不少年轻女性选择写私密博客来发泄，这也是一个很好的办法。

但我觉得最重要，也是最根本的一点还是要注意心的修炼。主要依靠自己的力量疏通情绪，做到不嗔、不怨、不怒，这样才能根治唠叨。你要记得——

1. 和自己对话

"自己是自己最好的心灵治疗师。"常和自己对话，是调整情绪、理清思路的好办法。女人每天早晚都要梳妆照镜，不妨利用这个机会和自己沟通一下。看着镜子，对自己说:"今天到底什么事让你心情低落？""嗯，满脸笑容的表情就是比满脸愁苦的表情可爱多了！"当有情绪困扰时，透过和自己对话（脑海中对话），可以从另一种角度来看自己、检查自己。一些心中原有的盲点会因此而转变得清晰明白，也就是"明心见性"了。这是最好的自我观照的能力。

2. 积极处理负面情绪

生活和工作的压力是女人爱唠叨的根本因素。当感到压力巨大时，要告诉自己:"没什么了不起，反正事情会过去。"压力是迫使人们成长的原动力，但压力太大就会造成反效果。有些压力不可避免，自己要学着缓解紧张的情绪，比如，"最糟糕的情况，也不过是如此。""就算功败垂成，至少我学到经验了。"

3. 建立支持性的情绪系统

现代人生活的社会结构较以前复杂得多，而且又面临巨大的竞争压力，所以对情感支持的需求也非常大。如果没有一套由家人、朋友、同学、同事、咨询团队等建立的情绪支持系统，那么一旦面临难题，自己无法缓解情绪上的压力，则很容易日积月累甚至导致情绪崩溃。建立支持性的情绪系统，使自己有地方宣泄情绪、倾诉苦闷、纾解积郁，是保持健康生活非常必要的途径。

下 篇

我知女人心，沟通疑难杂症急诊室
——只有不会说话的女人，没有经营不下去的婚姻

第八章

婆婆来了,你该乖乖地说

婆媳可能是天敌

婆媳关系占据了电视剧的大半壁江山,什么《麻辣婆媳》《婆婆来了》《婆家娘家》《双面胶》《媳妇的眼泪》等。

为什么婆媳关系有这么多的文章可做?让编剧导演们百拍不厌?

我以一部美国黑白片《青山翠谷》中的情节来说事。影片中的儿子找到心爱的女人,建立起自己的小家,他打电话给父亲,表示想要搬来与父母同住。

老父笑着问儿子:"你爱你的妻子吗?"

"当然爱!"儿子不解地回答。

"我也爱你的妈妈,一个家里不能有两个女主人,因为我们爱她们!"

是啊,一山不容二虎,一个家里不能有两个女主人,因为她们是天敌。

"喂,谁谁家的婆媳关系处得可好呢!"抱歉!至今为止,我还没亲耳听说过,更别提亲眼见到过。是这两个女人不想好好相处吗?当然不是!而是这种"相处得很好"的可能性几乎就没有。我用"几乎",就是不排除那凤毛麟角的少许,先恭喜个,呵呵!

身边的已婚女性朋友、同事无一例外都与婆婆"疙疙瘩瘩",交恶的就不用提了，最好的相处也就是勉强维持个"相敬如宾"。注意！这可是真正的"如宾"，丝毫没有亲人的感觉。整日和这个"宾"近距离，该有多别扭，相信只有过来人才能体会。

去年春天去日本看了趟樱花，刚好走之前婆婆在我家住着呢，因为赏樱的行程安排得很紧，光顾赏樱了，临到机场才发现忘记给婆婆买礼物了，要是亲妈，就根本不会有心理负担，可这是婆婆啊，于是我硬挤出时间跑得气喘吁吁在机场免税店给婆婆买了个包。

那么，这场家庭内战中有胜利者吗？答案是：永远没有！只有一个可怜受"夹板气"的人。

各位不要以为我的看法偏激，我们可以静下心来分析一下。大多数的女人都天生细腻、敏感，这不分年老与年少，而硬要把两个都容易对小节耿耿于怀的女人拴在一起，结果只能是"互相伤害"。想过这样一个问题吗？人与人为什么会组合在一起？有的因情，有的因谊，有的为恩，有的为利，或为某种合作所需。那你说，婆媳的组合是为的什么？很显然，以上种种，通通都搭不上边儿。实际的情况是，她们本来素不相识，却又不容思考，无从选择，被动地走在一起。这其中，有多少的不得已与无奈，甚至是无尽的压抑与痛苦，外人又怎么能看得清呢？这也是局外人的简单说理与劝导永远解决不了问题的原因。

试想想，两个彼此不了解、互相也没有爱的"标准"女人，突然出现在对方的视线里，彼此不方寸大乱才怪呢！可那又能怎么样呢？她们挚爱的可是同一个人啊！对方的出现都让自己产生了一份"爱被剥夺"的焦虑，却又不得不因所挚爱的这个人而接纳对方的介入。这种无法避免的内心冲突从那一刻起就存在了，并将终生存续着，最可怕的是还进入潜意识，形成极其微妙的"亲情加敌意"的感情复合物。而这种潜隐的敌意会在生活中以不同的形式表达出来，这种表达也会随着婆媳冲突的频率而愈趋强烈。小到生活习惯，鸡毛蒜皮；大到价值取向，儿孙教育……没完没了地上演着主角轮换但情节雷同的戏剧。我们身边这样的剧情还少吗？你敢说没经历过或没见过吗?

婆媳关系被喻为"天敌",婆媳相处难被视为"定理",这既是历史也是现实。这也根本谈不上是什么"是与非"的冲突,而是源于心理的排斥。它的存在是再自然与正常不过的了,那些深刻而复杂的成因,稍有头脑的人都可以看清。这也是婆媳分居越来越被现代人所接受的原因,因为唯有这样,才能给这两个可爱女人更多的自由空间与爱护。既然如此,为什么一定要把没有爱的两个人硬拴在同一屋檐下?

"妈妈"两个字是婚姻的"创可贴"

妈妈两个字是婚姻的"创可贴",这是我做十年媳妇的经验总结。

在结婚之前,我采访过很多当婆婆的,其中就包括我自己的亲妈,她们喜欢什么样的儿媳妇,她们众口一词地认为:嘴巴要甜,爸爸妈妈挂嘴边!我老妈更绝,背地里和我数落嫂子的时候唠叨:你说我们当老人的图她啥?不就是图她能甜甜蜜蜜地叫声妈嘛!

那时候,我并不信这个邪。我不是个甜言蜜语会讨巧的姑娘,人实诚,我觉得凭咱这一腔热血满腹柔肠的,什么样的婆婆能对咱不满意呢?可是事实证明,我错了。

虽然我倾尽善良,把老公照顾得很好,处处顾全大局,为婆家人考虑,但是依然讨不得婆婆的喜欢。虽然婆婆对我不能说坏,但我能感觉出,她并不是真心喜欢我。而相反,她的女婿什么都不做,只会动嘴皮子,就把他丈母娘哄得很开心。婆婆看见他就满心欢喜,什么事都为他做,他感冒发烧,婆婆恨不得24小时陪护,端茶倒水,比对自己亲儿子都疼。而我但凡有点感冒,老太太脱口而出这句话:"孩子,你身体素质怎么这么不好呢?"虽然前面也加了个"孩子",但我听得还是心里拔凉拔凉的,同样的关系、同样的情况,怎么会有这差别待遇呢?

摊上这不平事,心里还真是有点不舒服,我狠狠地深入地检讨了自己的言行,从行为上我可以给自己打一百分,该尽的礼节和义务咱一个不落,婆婆大人病了我跑得比谁都快,当着她的面咱也是叫妈。到底是什么原因呢?后来我深入"敌人"内部发现,她的宝贝女婿除了"妈妈"两个字比我叫得多、叫得甜以外,什么都不行。

哎,妈妈两个字有这么神效吗?我死活也想不通这个道理,自己的路线行不通,我只好又回到俺娘的身边咨询。俺娘说:根本没有道理可讲,同样的媳妇,嘴巴甜的肯定讨人喜欢,一碗水不可能完全端平。谁不爱听好话?

我对老妈的这个解释还是不满意,还是怀疑她这是妇人之见,于是又去问老爸,老爸啥都没说,只是打开了他的博客,让我看。

爸爸在他的家长里短那一栏里写了一篇名为"聪明的媳妇嘴要甜"的文章。

媳妇和儿子还谈着恋爱时,第一次来家就亲热地叫我们"爸""妈",把老伴喜欢得不知该做什么好。一直说媳妇机灵、懂事,知礼数、有教养。

他们两人结婚后就更不用说了,只要开口讲话总先叫"爸""妈"。因此,老伴和媳妇格外亲,在她眼里,我们的媳妇就是一朵花,她还说过:"好儿子不如好媳妇。"

媳妇在外地工作,每逢双休日都要打电话回来,电话里也总是先叫"爸""妈"才说话,孙子1岁多了,虽然口齿还不清楚,每次媳妇把他叫到电话前,他就会在电话里叫"爷爷、奶奶",老伴每每听到他们娘俩的叫声,总会高兴好几天,总会说:"过些时候,我们坐上火车去看你们。"

我们也很清楚,我们都是70岁的人了,能享点儿子、媳妇的福也就够了,听到孙子几声亲亲热热的呼唤就很是心满意足。儿媳妇好像猜透了我们的心思,所以,她平常就很注意这些,因为这些亲亲热热的呼唤声,让我们感到一种浓浓的温情。老伴就总夸儿媳妇"聪明""会关心老人"。其实,老人需要的不过如此,但这看似简单,可就有许多年轻的人们很吝惜或者根本不想做。

听了父亲的心声,我才恍然大悟,原来,"妈妈"两个字在老人的心里意味深长啊。其实我在婆家受到的不公平待遇,自己家也一样有。我有两个哥哥,这就意味着,我老爸老妈有两个儿媳妇。爸妈特别喜欢大嫂,对二嫂却感觉不好。其实一开始的时候爸妈对两个嫂子都一视同仁,连我买礼物都要交代人人有份,为什么到最后实行"一边倒政策"了呢?我原来不明白,现在明白了。

做媳妇,漂亮的脸蛋不一定产大米,但会说的嘴巴一定见效益,甚至可以这样说,相对于甜言蜜语,通情达理、心地善良、孝敬老人这些素质貌似微不足道,而假如你凑巧遇到一个爱听好话的婆婆,那你可以什么都不用做,只要你会热情洋溢地追着婆婆叫妈妈,让她听起来心里舒服。你不仅赢得了她的娘心,还赢得了一个铁杆儿粉丝,谁欺负你,她都会向着你。

其实,嘴"甜"在一定程度上体现一个人的智慧,不管是在社会上还是在家里,它体现的不仅仅是一个人的教养,也是一种很好的处世哲学。在家里,它就是浓浓亲情的一种外在表现,给人的是一种很美好的感受。有人说:"聪明的女孩嘴'甜'。"这话说得的确有道理。

和婆婆说话,怕直不怕弯

现在,多数媳妇也越来越能认识到婆婆在家庭幸福中掌控生杀大权。为了讨婆婆欢心,她们绞尽脑汁,有的干脆豁出去了,既然人心都是肉长的,那我就拿真善美把婆婆大人服侍得好好的，像亲妈一样孝敬她老人家，这总该行了吧？

错！俗话说："闺女娘，心连肠。"你可千万别拿婆婆当亲妈，因为你不是她亲闺女，你们不可能像血亲之间那样亲密无间。尤其是说话，你和老妈说话可以直来直去，但和婆婆说话就得拐个弯。

为什么社会上只有"女婿是丈母娘半个儿子"，而没有"媳妇是婆婆半个女儿"的说法？俗语说："隔层肚皮隔座山。"那些母女之间本不是事情的事情，到了婆媳那里常常变成了事情。

做媳妇的都有体会，要是自己的母亲骂自己，不管骂得怎么重，当时自己怎么委屈，怎么闹情绪，过后都不会记恨在心；但要是被婆婆说一顿，不管说得怎么轻，心里都觉得委屈，于是就想着去抵抗、去冲撞，有的甚至会"一辈子都忘不了"。

而婆婆也有同感，要是和自己的女儿生气，过几天就会淡忘；但要是和媳妇生气，心里那个结就很难解开，甚至会渐渐变成死结。

由此可见，婆婆和媳妇缺少与生俱来的亲近感，且双方同为女性，本身就存在着相斥性。我认为所谓"只要婆婆把媳妇当作亲生女儿，媳妇把婆婆看作亲生母亲，就能处好婆媳关系"的论调，可能只是一种善良、美好的愿望，并不现实。可是我的好朋友阿玲并不信我这个"邪"，她说她的婆婆比亲妈都疼她，这一点我也承认，阿玲的婆婆确实好，给买房、给做饭，还给零花钱，给看孩子，对阿玲很是体贴，每当阿玲和老公吵架，婆婆总是不分青红皂白地袒护阿玲。

"这样的婆婆不赛亲妈？"阿玲总拿自己的例子反驳我的观点，可我总是对她摇头。

终于有一天，阿玲服了我的观点。

去年夏天，阿玲和老公工作都忙，婆婆就把孩子带回河北老家了，国庆节的时候阿玲和老公回老家看孩子，年迈的婆婆在灯下做针线，阿玲倚在床上哄孩子入睡。

婆婆说:"××家3岁的孙儿发生意外事故,从楼上摔下死了,儿媳整天斥骂婆婆。"

阿玲说:"那个儿媳也太不讲理了。"

婆婆说:"老太太气得寻死觅活的。"

阿玲说:"人死了又活不过来,吵架有啥用?"

阿玲这样说她觉得是没有任何问题的,你大概也觉得没什么不妥吧?可是你看看婆婆接下来这句话你就知道不妥在哪里了。

婆婆说:"就是呀,要是老的一死能换回小的,老的也只能去死了!"

阿玲愕然。

其实,若是阿玲和亲妈讨论这个问题一点没错儿,可是毕竟是婆婆啊,就多心了。

瞧,这是多么糟糕的一次对话!如果改成另外一种交谈方式,效果就完全不同了。

婆婆说:"××家3岁的孙儿摔死了,儿媳整天斥骂婆婆。"

媳妇说:"真的吗?太不应该了!不过孩子死了已不能活,大家都够伤心的,不该互相埋怨了。再说意外的事情总是有的,就是孩子他妈自己带着孩子,也保不定出个什么事故呀。一个是儿子,一个是孙子,都是心头上的肉,谁还会是故意的。"

婆婆说:"是呀,我也是这么说嘛。"

看,这样说才能让婆婆开心呢。可见,和婆婆说话,可得多动脑子,怎么也得在心里琢磨两遍才能出口。

个性十足的"80后"和"90后",恐怕受不了这个,连说个话都要琢磨半天,这日子还怎么过?麻烦是麻烦,但这婆媳关系还是得维护,除非你连老公也不要了。

针对老人"爱多心"的特点,和婆婆说话时,要注意对以下细节的把握:

1. 要特别注意说话的时间、地点、场合和双方的心境

有一对婆媳在饭桌上吃饭。儿媳拨拉着碗里的菜说:"通货膨胀了,连青菜都疯涨了!"婆婆放下饭碗:"我饱了。"婆婆心里想的是,刚拿上饭碗就说钱,是嫌我白吃了。同样的交谈方式,换一个时间地点谈为宜。晚上闲聊时,婆婆说:"哎呀,好久不上街了,好几样东西都调价了。"媳妇说:"是呀,鲜肉也调价了,都×元×角一斤了。"婆婆说:"是吗?挣得多,花销也大呀。"同样传递一个"肉调价了"的信息,后者不但没有引起误解,还得到了婆婆的体谅。所以说成功的交际是不能忽视时间和地点的因素的。

同样,媳妇在和婆婆的语言交际中,要适当把握场合,试想儿媳要是当着客人的面指出婆婆的疏忽,结果会怎么样呢?无疑会给婆媳间的和谐关系带来不稳定因素。

再如,我们在日常生活中,常常会有生理、心理方面的疲乏与不快。如果意识到自己的心境不佳,就应立即调整,以免感染对方。同时,这时说话尽量要慢些、婉转些。老年人因为健康等各种原因,比较容易多疑、抑郁等,我们要善于从婆婆的言行中体谅她的心情,随时调整我们的语言行为。

2. 和婆婆说话要学会"打官腔"

和婆婆说话,一定要注意打官腔,尽量说漂亮的官话。哪怕虚伪点,也不能来个赤裸裸的大实话,起码,不能首先使用大实话。和婆婆说话,怕直不怕弯,怕实不怕虚。只要她听起来高兴,就万岁万岁万万岁。

只要认清了婆媳关系的本质,掌握了交流方式的细节,接下来再动动脑筋,找到婆媳相处的小窍门,和婆婆同在的日子不会是梅雨天。

"哄"出来的好婆婆

都说婆媳难处，尤其是北方媳妇遇到南方精明婆婆的时候更难处。北京女孩莫莫就遇到了这样一个杭州婆婆。

莫莫大学毕业好几年了，北京女孩嘛，神经比较大条，生性豪爽，从小娇生惯养，洗衣服、做饭都不会，周末或假日一般都睡到中午11点，吃完中饭继续睡觉。

男朋友是她同事，比她大两岁，杭州人，人很聪明，最大的特点是孝顺（很怕他妈妈）。

再来说莫莫的准婆婆，那是相当精明。传说是资本家的小女儿，50多岁的人，看起来还是一副40岁妇女的模样（据说这种婆婆一般都很厉害）。而且，做了一辈子的会计工作。

在如此巨大的地域差异、性格差异背景下，这样的三人组合到底能不能好好相处呢？

一开始想到这些，莫莫也从心底打怵，南方女人本来就精明，再加上做了一辈子的会计工作，呵呵，她的未来婆婆还不得精明到天上去？自己大大咧咧的性格能被挑剔的南方婆婆接受吗？

个性诚可贵，尊严价更高，若为爱情故，二者皆可抛，想到英俊潇洒又温柔体贴的男朋友，莫莫就决定锻炼锻炼自己的情商，走进婆婆的心里，将来不让老公为难。

从见到婆婆的第一眼起，莫莫就针对南方婆婆的特点，确定了她讨好婆婆的方针路线，本着一个"哄"字，突出一个"诚"字，坚守一个"夸"字。

第一招：哄（写信送花送蛋糕，给婆婆一个惊喜）

男友虽然是南方人，但性格有点接近北方男人，生活情趣少得可怜。对他妈也是如此，从来不会主动给家里打电话，更别说逢年过节给家里带礼物。莫莫觉得，如此精明的婆婆肯定是希望生活有点浪漫元素的。

从男友嘴里打听到未来婆婆的生日后，她通过网络预订了一大束鲜花和一个蛋糕，然后写了一封感人至深的信（她写好，让男友亲笔抄写的），传真给了花店老板，随花和蛋糕一起送到婆婆家。

莫莫让花店老板到婆婆小区门口的时候给她打电话，接着让男友给婆婆打电话，闲扯一些无关紧要的事情。那边电话打着打着，有人来敲门了，接到花的时候，婆婆停顿了很长时间。

婆婆不用问就知道是莫莫的主意，在电话里特别交代儿子："替我谢谢莫莫。"

那次送花起到了历史性作用。男友以前要从工资里拿出几千块汇给婆婆保管，那次以后，婆婆说，有女朋友了，钱就不用妈妈保管了，让女朋友保管吧。

从那以后，莫莫每次逢年过节都会给婆婆浪漫一下，并且强制要求老公每周向家里打电话。

第二招：诚（聊天拉手按摩，体现女儿般的贴心）

生活中莫莫是个很腼腆、硬朗的女孩，一般情况下，很少说肉麻话、干肉麻事，但为了哄婆婆，她是豁出去了，不仅要哄，还实心实意地哄。

适当的时候，她会陪婆婆聊聊QQ或者煲煲电话，告诉她，她儿子很爱她，很想他们，他有时候会觉得自己不够孝顺，自己一个人来到北京，把爸妈留在那边，那么大年纪了。老人家很喜欢听这些。

莫莫还告诉婆婆，等他们在外面闯够了，就回去陪老人家，但同时也不经意地表现出对北京的留恋。最后的结果是，婆婆掏钱在北京买了一套房子，等退休后来北京定居。

除此之外，莫莫还用肢体语言表达对婆婆的亲近。因为现在一家一般只有一个孩子，适当的肢体语言可以让婆婆感受到女儿般的贴心。比如走路拉个手啦，拍照搭个肩啦。婆婆回家要是明显表现出累了，就主动献殷勤，帮她按摩。

第三招：夸（拉拢婆婆的朋友，侧面赢得夸奖）

莫莫在一家婆媳关系网上看到这样的信息：貌似很多女人，年轻时喜欢相互比老公，中年时比孩子，年纪再大点就开始比儿媳。所以，她决定一定要给足婆婆面子。

过年时，莫莫和老公一起去拜访婆婆的一个朋友。那个阿姨的儿子和莫莫的老公是同学，但是工作不好，谈了个女朋友还很不懂事。莫莫他们去的时候，带了一些北方的特产。到人家家里，老公和他同学聊天，莫莫就帮着阿姨做饭，不停地说婆婆的好话。阿姨则在一边埋怨自己儿子没莫莫的老公好，儿子的女朋友又不懂事。后来，这位阿姨跟婆婆通电话，一个劲儿地夸莫莫，并且把莫莫夸婆婆的话也全部传达，婆婆别提有多开心了。

听了关于莫莫的叙述，可能有人说她太会装了，活得太累了。我倒觉得，和婆婆相处，怎么用心都不为过，把婆婆哄好就是真本事。

所以我很赞同莫莫与婆婆的相处之道。再说了，咱们将来也有做婆婆的那一天，到那时候，你难道就不希望冒出一个特能哄自己开心的儿媳妇？

用撒娇的方式公然忤逆她

做女人，不一定将爱情进行到底，但一定要把撒娇进行到底。俗话说，会哭的孩子有奶吃，同样，会撒娇的女人有人爱。女人对老公撒娇，可以赢得老公的欢心；对婆婆撒娇，可以赢得婆婆的爱心。

在我们小区我认识一个阿姨，去年当她儿子第一次把准媳妇儿（以下简称A）领进家门拜访的时候，阿姨和她老公被雷得外焦里嫩，她怎么也想不通自己辛苦培养的海归儿子找了个这样的媳妇儿，长相不能用一般来形容，简直就是难看！

无论阿姨怎么反对，固执的儿子最终和A结为了合法夫妻。结婚不久，为了赚钱买房毅然选择出国工作两年，这样阿姨就不得不和A生活在一个屋檐下了。

A的嘴很甜，整天"爸爸""妈妈"叫个不停，超级会撒娇，从不做家务，不爱吃饭菜就噘起小嘴说"妈妈我不爱吃"；不舒服的时候会对公公婆婆说"来例假了肚子好疼"；例假弄脏了裤子、床单会撒娇说"妈妈帮我洗吧"；A还会拍着公公的肩膀说"爸爸要减肥了，咱们去游泳吧"……

总之，阿姨是彻底被收服了，天天心甘情愿地为她洗衣做饭，对外人说就当多了个女儿。

为什么撒娇会让婆婆服软呢？

第一，是撒娇的时候会勾起老人那种天然的护犊子心理，拉近了心理距离，作为过来人，婆婆也知道，人只有在对某个人感情深亲近的时候才撒娇，对自己不喜欢信不过的人很难撒起娇来。所以，这等于向她传递一个信号：我的媳妇喜欢我。任何人都渴望被别人喜欢，一旦认定你喜欢她，婆婆是不会不讲理的。

第二，人都有一种同情弱者的心理，尤其是婆婆，本来就对媳妇有一种天然的敌意，一看自己的敌人这么可怜兮兮，敌意自动消减不说，取而代之的是我见犹怜的好感。

处处请教,"弱弱地"赢定她

长篇家庭伦理小说《双面胶》广受读者欢迎,作者用洋洋洒洒数十万字写出了让女性心有戚戚的婆媳关系:

媳妇丽鹃感觉这个家里自己像个客人,在老公亚平和婆婆中间,自己犹如隔着一层玻璃,虽然看得清楚,却水泼不进。当然,如果自己愿意,绕过那层玻璃,是可以将水泼进去的,其结果更有可能是他们家包括自己都全身湿漉漉的。就这样远观挺好,既不远又不近,既不亲又不疏,既不冷又不热。

一对卿卿我我的恩爱夫妻反目为仇,成为不再有一丝亲情的陌路者,甚至还走向血腥悲剧,原因只为两代人生活理念和方式的不同。

或许正如作者在书里最想传达的:即使没有第三者、没有重大误会、没有病痛折磨,也可能因为双方各自家庭的介入,生活琐事的一点点累积,导致严重问题。

这样的难题普遍存在于现实家庭生活中。我们从大量案例中研究发现,婆媳关系难处的关键之一,是如何处理思想观念和生活方式的差异。

婆说婆有理,媳妇说媳妇有理,小到炒菜,大到育儿方式,再到投资理财,不同的人有不同的观点,何况是生活在不同时代的婆媳之间呢?

如果能处理好来自生活方式和思想观念的差异,婆媳之间就安静多了。

我觉得,无论是婆婆住在媳妇家还是媳妇来到婆婆家,谁也别想着控制谁,才是解决问题的根本之道。

生活中很多细节,包括花钱方式、饮食习惯、生活习惯等,在婆媳之间不仅会有代沟,还可能存在地域差异。我们要做的不是简单判断谁的方式对,谁的方式错,也不是力图抹平那些差别,而是在保留自己边界的前提下,追求生活方式的多样性。每个人都有自主表达对某个东西判断的权利。

我们的社会提倡多样化，过于苛求别人和自己一样，反而很危险。

但在传统的婆媳关系中，无论是婆婆、儿媳还是儿子，都只强调了家庭意识，希望能尽量融入对方的生活。因此，很多人都在无意中试图改变别人的生活方式。或者总觉得对方在否定自己，让自己很不舒服。

如果你不幸摊上一个固执己见很强势的婆婆，处理这对矛盾，出路有二：一是主动装弱，处处请示；二是耍小滑头，阳奉阴违。

1. 主动示弱，处处请示

阿妹下面还有两个弟弟，自然从小就得帮妈妈干活，因此做起家务事来是个顶呱呱的好手。结婚后，她这个家务能手虽然包揽了大部分家务，却突然不那么"能"了，动不动就要请教婆婆："妈，我听说煮海鲜都要放姜，我觉得煎蟹也要，您说呢？""妈，您看小明这件衣服上染上颜料了，怎么办？您老最有经验，快来救命！""妈，您是'铁嘴'，快告诉我，这天气阴阴的，会不会下雨呀？"婆婆虽然叹着气说："你们这些孩子啊！工作样样行，怎么这点小事就不懂了呢？"可到底还是很乐意解答她的问题。而每年公婆生日，阿妹更会主动把掌勺权出让，向所有的亲朋宣布："看我妈的！"然后心甘情愿地给婆婆打下手。

其实老人最希望得到晚辈，特别是媳妇的尊重。现在多数家庭是媳妇"执政"，因而在解决婆媳矛盾中，媳妇负有首要的责任。做媳妇的要注意尊重、关心婆婆，遇事多和老人商量，不要只顾自己显山露水，不听婆婆的"老人言"，把婆婆晾在一边。老话不是说了嘛：人敬我一尺，我敬人一丈。婆媳之间更要互相尊重。

2. 耍小滑头，阳奉阴违

丽云的婆婆刚从内蒙古老家过来，婆家人口味偏重，但谁都知道，吃盐太多对身体不好，丽云用了一年多的时间总算把老公的口味调淡了，可是婆婆来了，再次面临考验。一次，婆婆见丽云炒菜都是快出锅时才放盐，连忙纠正她，说这样做不容易入味。丽云心里很不服，因为书上、网上可是明明白白写着她这样做是对的，真想跟婆婆争论一番，可话到嘴边又咽了回去，何必呢？婆婆做了一辈子的饭，自是形成了自己的一套做菜理论，咱跟"古论"较劲，还有个赢啊？所以丽云嘴上连连答应着婆婆的指示，趁她不注意，还是我行我素。

这样既给了婆婆面子，又保留了自己的原则，婆婆乐了，自己也美了。

是啊，没必要和婆婆死磕，干吗惹得她不高兴，她说啥咱听啥，至于从还是不从，还是自己说了算，或者小改良一下也无妨嘛。

有人说，有些非常重要的问题上，明明知道婆婆做得不对，那又怎么办呢？比如婆婆的育儿方式不对，按照她的说法会对孩子造成健康影响。这时候你可以本着谦虚谨慎的态度，细声慢气地和婆婆讲道理，大不了让事实说话嘛，请看袁小姐的做法。

袁小姐生了个女儿，婆婆从厦门赶过来看孩子，袁小姐非常感动。但是在育儿方法上，产生了严重分歧，婆婆主张给孩子打"蜡烛包"，说这样能保护宝宝不受细菌感染，可是袁小姐从书上了解，"蜡烛包"根本不科学，危害多多。可是说了好几次，婆婆就是不改。给孩子打了个严严实实的"蜡烛包"，捂得孩子全身长满了痱子。袁小姐心疼孩子，脸色当即就变了，婆婆也不高兴地走开了。过后袁小姐想想觉得很是后悔，主动找婆婆搭讪："妈，其实老厦门的方法也有好的，比如您天天用淘米水给孩子洗脸，洗得孩子眉清目秀；摘草药给孩子熬汤，喝得孩子黄疸一下子就退了。可是打'蜡烛包'真的不太好，这不是我说的，是专家说的。"婆婆这才转怒为喜。其实婆婆也是通情达理的人，给孩子洗澡的时候已经发现错误了，只不过找不到台阶下而已。袁小姐这么一说，她赶快借势给孩子"松了绑"。

其实人老了，要改掉几十年形成的习惯很难，做媳妇的懂得这一点非常重要。只要不是什么原则问题，不妨尽可能地使自己的举动适合老人心意。必要时，甚至迫使自己迁就老人。等得到婆婆的欢心，再将老人的一部分旧习惯用巧妙的办法改变过来。我自己当年也是这样做的。

在生活方式出现矛盾的时候，不少女人选择让丈夫当传话筒或代言人，这并不是一个好的做法，因为长时间这样间接沟通，婆媳之间容易出现更大误会。所以，婆媳的事还是婆媳自己坐下来解决吧，尽量别让"中立国"参加。

婆婆面前媳妇不能做的和不能说的

婆媳关系的处理涉及婆婆、儿子和儿媳三方，而且没有一个固定的模式，婆媳是否和谐是三方共同的责任，每一方都有自己值得注意的事项，现在我要说的是，在婆婆面前，媳妇不要做的几件事。

1. 在婆婆面前少臭美

同行是冤家，但天下所有的女人都是同行，包括你和婆婆。虽然婆婆是你的长辈，不会因为你长得好看而像你的同龄人那样嫉妒你。不过，看到你漂亮或者比她的女儿漂亮，还是多多少少会有些醋意。

所以在婆婆面前不要浓妆艳抹，最好少谈"外表""整容"等名词，或者"我老了，满脸皱纹，一定很丑，怎么办"这类不得体的话，容易引起婆婆多余的感慨与不悦。

这个错误我刚刚犯过。大年初三，我和婆婆一起去香港购物，那几天相处得还非常自然，住在一起也没有感到拘束和不适。我于是就放松了"警备"。初六那天我们一起逛新光百货，我又把和老妈逛商场时的经典路线搬出来了：先化妆品，后内衣，再然后是鞋子。结果到了化妆品那里我就把婆婆给惹着了。我在买美白的面膜，婆婆说："你这么白了，还增白啊？"我说："那也要保持啊，现在不注意等老了就丑死了。"这话说出去我马上后悔了，因为婆婆的肤色偏黑。

到了内衣区，我在塑身内衣那里转来转去，婆婆显然不悦，跟我打了个招呼自行回去了。

2. 在婆婆面前不要数落老公的不是

千万不要说她儿子的坏话，这是我血的教训。我的老公也是一身毛病，当我把这些毛病说给婆婆听时，她没有马上给我脸色看，只是说了一句意味深长的话：我的儿子我知道。当时年轻嘛，对这些婆媳大法并不懂，只知道有一说一。后来我再给婆婆告老公的状时，婆婆就对我不客气了，人家毫不容情地说：都是你惯的，我儿子以前很听话的。一句话把我噎死了。

老公是你的老公，也是婆婆的儿子，是婆婆身上掉下来的肉，即使她的儿子再坏、做得再不好，作为母亲总是会偏心地爱，而且是没原则地爱，这是母爱使然。你老公做得不好，婆婆也许会故意在你面前数落你老公的种种不是，但千万不要跟着一起数落。你要么可以选择故意夸夸老公，要么选择倾听，因为没有哪个母亲愿意听到有人说她儿子的不是，你说她儿子不好，其实就相当于说她不好，因为儿子是她教养的嘛。

3. 在婆婆面前不要跟老公太亲热

要知道，你老公是婆婆的儿子，是一把屎一把尿亲手拉扯大的，谁愿意把自己用心血带大的儿子拱手送人？婆婆把儿子给你，其实潜意识里是不甘心的，也是不愿意的，但又没办法，儿子总是要娶媳妇的。所以你当着婆婆的面跟老公亲热势必引起婆婆的醋意和嫉妒，但她又不好说出来，只能闷在心里，可能行动中就会不知不觉对你有所刁难。这是女人的心理，是母亲的心理，做媳妇的不可不知。

4. 在婆婆面前不要随意使唤老公

也许一向都是你老公做这做那甚至家务事全包了，也许平时你做事很少，但在婆婆面前至少你得有所表现，婆婆总有点偏心，做母亲的哪个愿意看着自己的儿子被人使唤，她自己还舍不得使唤呢，婆婆的这种偏心是可以理解的，做媳妇的更要理解。而且你动不动就使唤老公，婆婆就会觉得自己的儿子在家做不了主，是妻管严，为了帮儿子拉回尊严或地位，婆婆就可能站在你的对立面，关系当然就可能难处。

所以不管你平时是如何如何地使唤你老公，也不管你老公是如何如何地愿意被你使唤，你可以在婆婆不在跟前的时候去这样做，那是你们夫妻的事，但千万不要做的就是当着婆婆的面随意使唤你老公，这是技巧也是细节，媳妇不可不注意。

家和万事兴，家庭和谐首要的当然是处理好夫妻关系，但婆媳关系也是极为重要的一环，处理不好肯定会影响夫妻关系从而影响家庭和谐。处理婆媳关系既要坚持基本的原则，也要注意具体的细节，始终要贯穿的就是"爱"这根主线。

第九章

"第三者"驾到，你该得体地说

**愚蠢大多是在手脚或舌头转得
比大脑还快的时候产生的**

　　婚姻，是一种建立在感情基础之上的契约关系。然而有时候，这种特殊的契约关系却脆薄如纸，男女双方一次"偶然"的出轨便如寒风掠过，在这张薄纸上划出几道细密的裂痕。

　　不可否认的是，随着社会开放程度的提高，一件件类似的"出轨"事件，一桩桩类似的社会新闻，我们已经屡见不鲜。我们关心的是，面对出轨的老公，我们女人该如何呢？

　　面对男人的出轨，女人的表现通常是：大惊失色、寻死觅活，从家庭闹到单位，从自家闹到婆家，再从婆家闹到娘家。能闹的场合都闹过以后，给男人宣判死刑。还有一种采取复仇的策略，你背叛我，那我也想法搞顶绿帽子给你戴好了，咱俩就扯平了。这似乎成为以往遭遇婚变的人处理问题的最常规模式。

　　百年修来共枕眠的缘分，好容易经营了几年的婚姻，就这样头脑一热毁于一旦，太傻太亏。

　　萧雅女士是南昌某高校的讲师，在得知老公和办公室的女同事传出绯闻并被证实后，她倒是没气急败坏地找老公恶吵，也没方法让老公回头，而是背地里玩起了以牙还牙的行动，她也和网友见面、吃饭、幽会。

在老公那里失宠，在情人这里得宠，萧雅女士放松了警惕，把情人当成了娘家人，什么事情都给网友说，老公的单位、老公的为人，甚至是老公和情人最近的表现，她都一五一十地汇报给网友。网友对她家的情况摸得一清二楚。

萧雅和老公就这样你玩你的、我玩我的凑合了几个月。大概两人都玩累了，老公回心转意了，又回到家庭的轨道上来。为了五岁的女儿，萧女士也原谅了老公的过错，她想结束自己和网友的关系，可是她却回不了头，网友威胁她说只要她结束关系，就把他们之间的聊天记录和做爱的录像送给她老公。

萧雅不想破坏自己在老公和女儿那里的形象，只好答应和网友继续往来。但做贼心虚和脚踏两只船的痛苦把她折磨得快要疯掉了。

有人说，愚蠢大多是在手脚或舌头转得比大脑还快的时候产生的，真是太对了。很多遭遇老公背叛的女人在知情后会失去理智，冲动之下作出了对自己极为不利的选择，从而导致了不该发生的悲剧。

其实通往罗马的路不止一条，处理男人出轨的方式不止一个。面对男人偶然出轨也好，第三者突然来袭也罢，都要保持冷静的头脑。

在这个由男人和女人组成的花花世界里，对付男人"出轨"，不能太认真，也不能太较真。我们该如何做呢？

● **头脑要冷静**。冲动是魔鬼，当夫妻一方发生婚外恋时，另一方常常会因受到伤害而做出激烈的反应，如报告父母、找律师办离婚等。其实，这样不但于事无补，还会把事情弄得更复杂，到时候后悔都来不及。一定要想办法让自己冷静下来，然后再作打算。

● **不要以牙还牙**。有人在发现对方有婚外恋后，会采取同样的方式外出找情人，你出轨，我"出墙"，以图报复。岂不知，用报复手段来对付对方，不仅是作践自己,还会让别人看不起你,对自己一点好处都没有。

● **保持自尊自爱**。当发现对方负心后,如果一味迁就,对对方的出轨行为装聋作哑、自欺欺人,结果会造成对方在错误的道路上越走越远,直至家庭破裂。我认为,面对对方不忠时,受伤害的一方应保持自尊自爱,在严正地向对方发出警告的同时,帮助对方一起摆脱困境。

● **具体问题具体分析**。可怕的不是疾病,而是找不到疾病背后的原因。对付出轨也是这样。导致对方出轨的原因有很多,其中有心理上的,也有生理上的,有客观的,也有主观的,不妨具体问题具体分析。不少重新和好的夫妻披露,双方推心置腹地分析交谈,不仅可帮助一方尽快结束婚外恋,还会使他们的婚姻质量得到改善,从而避免对方再次婚外恋的可能性。

淡定地告诉全世界:我们过得挺好的

网上的"第三者论坛"横空出世,"PK第三者"的网帖满天飞,发妻和第三者的现场火拼成了最狗血的肥皂剧……斗第三者,似乎成了一种"婚恋文化","斗得过第三者",俨然已成新女性的标准……

而"斗第三者"的风格,一直存在两个截然不同的流派。一种强悍,主张"严打狠斗",主要斗争手段是网站晒第三者隐私、请私家侦探查第三者老底、兴师动众上门捉奸等,不怕短兵相接,反正兵来将挡;另一种强势,主张"盯紧老公,不给第三者可乘之机",其手段包括全面掌控老公的现金收支、24小时严防死盯其行踪、未雨绸缪……

似乎,女性保卫婚姻的出路只有一条"以斗为本",要么和第三者斗,要么和老公斗。

网络上曾发生"微博捉奸门"事件。北京有个美女画家,推出了"斗第三者"的升级版,她用微博活色生香地直播了把老公和第三者捉奸在床的热闹戏码,引发轰动。

但许多人并不看好这个"斗"法,有网友评价:她没有给这份婚姻留任何退路,甚至没有给双方的尊严和体面留任何退路!

后来事态的发展也表明,美女画家鱼死网破的悍然一击并无助于婚姻走出困局。

社会学家认为,"微博捉奸门"暴露的是现代人完全失衡的一个道德观,"你不道德,我可以比你更不道德"。这种意味的"婚姻保卫战"看似强势,实则只有一个结局:除了恨和怨,什么也不能留下。而离保卫婚姻的目的,当然也就越远。

与北京美女画家的"有勇无谋"相比,某著名影星面对谣言表现得极其淡定,她只是淡然地说:"这没什么可生气的,大家要盯着我们就盯着吧,就当帮我作宣传好了。我不想跟大家说我们是怎么恩爱的,反正我俩就这么一直过着、过下去就行了。"

她的自信和从容,让所有的看客都有些羞赧和悻悻然。而这种"我不配合你们炒作"的低调姿态,也让媒体失去了大做文章的材料。不得不说,那个时候,沉默是对婚姻最好的保护。

不久,她神采奕奕地出现在丈夫的生日宴会上,并在亲朋面前小秀了一把夫妻的恩爱。这也更像是一次高明的公关行动,它向公众传递的信息是:我们的婚姻安然无恙!接着,她倾情出演丈夫执导的影片的女主角,以精湛演技证明:我不但是可以为他下厨的贤妻,也是可以与他并肩战斗的"最佳拍档"。连丈夫都由衷而赞:她让这个电影有了魂!

在一次采访中,她哽咽而语:"我觉得他是在拿命对我好!"而丈夫则在节目里说:"我掉进了蜜罐子!"

如果说这一年多她真的打过一场"婚姻保卫战"的话,我们会发现,这个过程她始终保持着优雅的风度、从容的节奏和充满智慧的细节。我们也幡然大悟,真正的强势和剽悍,不是破门而入"捉奸在床",不是将"丑闻"公之于世，而是胸有成竹、不慌不乱、进退有据地在婚姻危局里寻找突围之路。

为了守住婚姻，缺少智慧的妻子这样保卫，那样捍卫，又是搬救兵，又是请私家侦探跟踪老公，又是对第三者大打出手，却未料想这样的血拼倒不如沉默更给力。

第三者固然年轻、貌美，看似有实力且咄咄逼人，但并不可怕。有个数据可给女人壮胆，只有不到20%的男人离婚后，会和第三者结婚。原因其实很简单，不少男人会偷腥吃鱼，但没几个会因此修个鱼塘。和第三者看似火花四射，但逢场作戏的成分不少。而第三者天时地利人和全都不占，大都是纸老虎，所以发妻们不要自己先怯了场，乱了阵脚。

除非女人一开始就把门封死，多数男人在春梦醒来后还是要回家的。所以，从一开始就不要有把事情闹得越大越好的念头，这不是一个需要亲人、朋友甚至公众参与的事情。不要逢人便诉苦，也不要四处搬救兵。一个人去面对，不求速战速决，但要步步为"赢"。这个时候，女人越从容、越自信，就越让男人敬畏，越让第三者心虚，而民意也会在你这边。

咱们拥有的矛盾，多年后你保证和她没有吗

昨天在我家附近的小饭馆吃饭，邻座是两个男人。从他们面红耳赤的谈吐中，我知道这俩哥们儿是喝大了，我于是就挪了挪板凳，离他们更近点儿（我有一个嗜好，就是喜欢听酒后的男人说话，酒后吐真言嘛）。这一听不要紧，故事还挺精彩。

大抵是一个哥们儿婚外恋（记住，不仅仅是婚外性，对于妻子，婚外恋比婚外性更可怕），另一个哥们儿是他的发小，而且还是他的牵线人。

婚外恋的男人果真是动了情，他和她的故事不是由性开始，而是顺其自

然的际遇,纯属"在错的时间遇见对的人"那一种,说到动情处,男人眼圈开始发红。我知道,这个男人是真的爱了,因为男人哭了,是因为爱了;女人哭了,是因为放了。

他的哥们儿见他这样,对其展开了帮教工作:你说说嫂子哪里不好?

伤心的那位似乎酒醒了一半,那真是如数家珍啊,什么总是对我唠叨、嫌我不做家务、嫌我睡觉打呼噜、嫌我每天晚上回得太晚、嫌我总喝酒、嫌我陪孩子的时间太少、嫌我对我妈太孝顺、嫌我……

那哥们儿反应真迅速啊,反问婚外恋的那位:你和第三者成家了,她就不嫌弃你了,她就不唠叨你了?你能保证?你要能保证那我负责替你做通嫂子的思想工作,给第三者让位。

婚外恋的哥哥似乎酒全醒了,把手搭在发小肩上,有气无力地回答:"我不能保证。"

我一直很骄傲自己的想象力很丰富,我就想,假如这句话是从婚外恋男人的老婆嘴里说出来,那得多煽情啊,那简直是绝了。

我还相信,如果遭遇背叛的女人能说出这样的话,我觉得离婚率肯定会大大地下降。

有个网友就曾得意扬扬地给我讲述了她降伏老公智斗第三者的经验,当她得知老公移情别恋后,她仔细地反思了最近老公的异常言行,发现最近几次做爱的时候,老公都说她什么腰粗了,小肚子大了,有一次还开玩笑地说:老婆,你有几个游泳圈呀?这些话她当时听着没什么,但现在分析都是老公对自己身材走样开始不满的信号。

后来老公对她摊牌了和第三者的事情后,想征得她的同意,协议离婚。她说:我可以答应你,但你能答应我咱们探讨个问题吗?老公示意她说下去。

"她身材一定比我好吧?"她问得很直接。

老公默认。

"她一定比我年轻吧。"

老公也是默认。

于是她就开始畅想了，一边畅想一边略带伤感地说给老公听："啊？二十几岁，如诗如梦的年龄呀，唉，二十几岁，哪有不漂亮的女孩子？想当年，我二十几岁那会儿，怎么都吃不胖，一尺七的腰身，穿啥啥好看，也是窈窕淑女。唉，女人呀，毕竟斗不过岁月呀，过了30岁，稍有不注意，就不行了。真想不到现在的女孩子到了30岁会怎么样啊。"

顺便她又加上一句："我同事张姐比我还大，身材比二十几岁的时候都好，老公可讲究了，给她办的健身卡，请的私人教练，还真见效，看来去健身房还真有效果。等咱儿子大了，手头宽裕了，我也要去健身去。"

她别有用心地这么一唠叨，老公也开始动脑子了，也开始浮想联翩了，他想到当初追妻子的时候，那时候也是鲜花一朵，千姿百态的啊，活力四射，是自己硬从人家的初恋情人那里抢来的！对呀，情人身上有妻子当年的影子，可是假若情人到了三十几岁会是什么样子呢？没准儿还不如现在的老婆呢，她的牙齿比老婆黄，她不如老婆知性。啊，不堪想象啊。

这样一想，男人离婚的底气明显不足了。

我一直认为，除了他的事业、老妈、孩子以外，别指望男人肯用脑子认认真真想事。在出轨这件事情上，有需要、有人招手、有时间、有条件、有机会，再好的男人都保不齐偏离轨道一次。还有一部分男人，企图依靠婚外恋来解决婚姻内的问题，这种时候女人如果还稀罕这个男人，你可以告诉他：咱们拥有的矛盾，多年后你保证和她没有吗？

你这个问题绝对是"一箭三雕"：把自己带回年轻时代了，把老公带回家了，把情人劝退了。

其实，妻子就是妻子，情人就是情人，当情人成为妻子，现在和妻子固有的矛盾照样会有。只不过男人在和情人的热恋胶着状态下，是不会想这个煞风景的问题的，他只顾着乐呵呢。那提醒他的任务只有为妻的来承担喽。

假如你能比我做得更好，
我愿意把"白宫"让给你

关于婚姻，有人很悲观：世道这么乱，我们怎么办？

其实，拥有更多的情感智慧才是最好的出路。许多时候，少用粗暴、多动脑子会更能解决问题。

我的一位朋友，去年也遭"第三者逼宫"，当了两年全职太太的她做出了最华丽的反击。她一边主动要求加盟老公的一个房产项目，以自己过去的人脉和职场经验，把这个项目做得风生水起；一边跟第三者姐妹相称，给她写了一封家书：

老公的恋人：

我不知道目前在法律上还算我老公的他是怎样自我介绍的，还有我不知道你贵姓，但如果我找人调查也许就什么都知道了。我目前不想那样做，爱情是美好的，我不想破坏你们之间的爱情。都说爱情是自私的，但如果折磨的时间久了，就不知道痛与不痛了，老公对我来说就是名词。

你们的事他全家人知道后都反对，他已78岁的年迈老母亲更是骂你小妖精、女骗子！如果不信，可以来我家，他母亲这三个月由他照顾，这是几个哥姐订的协议。如果来我家，我表示欢迎，还可以与你畅饮几杯，这点可以请他前一届的女朋友作证。

也许婚姻久了，爱情就在婚姻的坟墓中死去，剩下的只有义务和亲情。相信作为女人的你在一定年龄会理解今天我说的话。这几个月里，老公经常找各种借口外出与你约会，还经常与你煲电话粥，我曾极力阻拦，都适得其反。在家里还经常发火，看见这不顺眼那不如意，即使晚上睡在我身边，也是长吁短叹，身在曹营心在汉，这是他动了真情！你很幸运！

只是在离婚前，我想有些事要交代你，你也要有思想准备。

1. 因为你们的事他全家人都反对，全家人都说如果要离婚，他只能净身出户，没办法，为了孩子，你只能理解了。但你应感到暗喜，你毕竟夺去了他对我的18年感情。

2. 婚后，如果他经常在你面前说起前妻，那很正常，因为先入为主嘛，在他心里，总有一些东西是放不下的。

3. 他朋友很多，喜欢玩，喜欢外面的世界，你得有颗包容的心。不过，你可以节省饭钱。但你得为他准备牌钱，替他维护男人的脸面。

4. 婚后，你得彻底与你同居了多年的男朋友断绝来往，男人尤其是了解你前史的男人都特别忌讳你和以前的男朋友藕断丝连。在与老公过夫妻生活时，你不能想到前任男朋友；不然，你的日子会暗无天日。

5. 你得精心规划你们的生活，合理地进行家庭理财；不然，他会成天在你面前唠叨，像个老太婆。

6. 他每天起床后，你得负责叠被子；不然，中午回家被子还乱七八糟地在床上。

7. 你得催他每天洗脸、刷牙、刮胡子，他这方面不太自觉，当然，你不计较就好。

8. 家里的饭一般是他煮，但他从不洗碗，你得负责洗碗，不过，你们可以买台洗碗机。

9. 家里的卫生他从不做，你得学会做，当然，你们自己的家只要你看得惯也行。

10. 热天时，他每天换下的衣服你得洗，热天的衣服一般不用洗衣机，当然你也可以请他洗。不过，十多年了，我一直没培养出来，愿你能把他栽培出来。冬天的衣服有洗衣机。

11. 他喜欢在外交朋友，不管男朋友还是女朋友，如果不小心又交了女朋友，你得大度，男人不花心，公猪都会生！如果不花心，只是没机遇！到时就看你的本领了。

12. 他偶尔探望孩子，你得大度！而且，每月的抚养费你还得让他按时支付给我；不然，上了法庭，也丢你的面子！

13. 在每年照顾他母亲的三个月里，你得宽容他，因为他非常有孝心。你得有耐心，说话不能大声，做事要周全。

14. 他是家里的老幺，父母宠爱坏了的孩子，你得受得住气，因为他经常为一些小事发脾气。

15. 你得经常把自己打扮得楚楚动人，不然，出门都不会带你。虽然他自己长得人模狗样的，但对女人的要求还很高。

16. 他工作不顺心时，你得安慰他，不然，他会做一些反常规的事。

17. 吃饭时他必看新闻节目，不管此时的电视剧多精彩，你得顺着他。

18. 其他的事，我就不说了，你以后自己去领会吧。

我也累了！外面的空气令人向往！祝你好运！

据说，这份"家书"让第三者看到第三条就已经读不下去，撂挑子不干了。最后，老公回头是岸，第三者知难而退。这位朋友兵不血刃，打赢这场"婚姻保卫战"。

经过这场风雨的洗礼，他们的婚姻几近完美，"恩爱夫妻"加上"事业伙伴"，让他们的关系变得更有分量。老公说，经历十年的风雨堆积出的那份夫妻恩情，以木棉的姿势站立于他身边的那份独立与自尊，就比任何一份只有风花雪月的婚外情更难以割舍。所以，无论现在还是将来，老公只爱她一个。

女人要变得更强势乃至更强悍，这似乎是女人在生态环境全面恶化的背景之下的生存发展之道。但如何才叫强势和强悍？当然不是去和第三者打一场短兵相接、血泪横飞、三败俱伤的所谓战争，而是给三方营造一个可以周旋和回转的余地，给挑战者一个知难而退的提示，给自己一个确定和强化自己在婚姻中那些天生的优势的机会，把单纯的"夫妻关系"往多元化方向发展,这样才能守住或者盘活婚姻。

20世纪60年代,美国总统夫人肯尼迪·杰奎琳也曾这样智斗第三者。玛丽莲·梦露自仗名气冲天、星光逼人,非常嚣张,居然直接给杰奎琳打电话,说自己将取代她而成为总统夫人。杰奎琳不吃惊,也不气愤,反倒很平静地回答说:"我可以和杰克离婚。但是,假如你和杰克结婚就得住进白宫来,如果你还没有准备好公开住进白宫,我也就可以就此忘掉你刚才说的话。"看似礼貌大度,实则是羞辱,意思是:白宫岂是你能随便来的地方,第一夫人的位子你坐不了。

梦露看到的只是肯尼迪头上的权力光环和光鲜亮丽的外表,丝毫看不到头衔下的压力和内务的繁杂,经杰奎琳一点拨,她才被动地动了动脑,有点怯。这一招够狠!

脚比鞋重要,当鞋确实伤害了脚,我们不妨赤脚赶路

陈奕迅有首经典情歌《爱情转移》,有句歌词:流浪几张双人床,换过几次信仰,才让戒指义无反顾地交换。

这年头,即便是"义无反顾地交换",也难换得地久天长,这个社会,一旦发现出轨迹象,就要分析男人出轨的原因,是偶尔大意出轨还是本性轻浮出轨?出轨的程度又是如何?是精神出轨还是肉体出轨?在这些带有"偶然"性质的"出轨"事件里,感情与性,究竟各占了几分比重?然后,再综合考虑一下这个男人的品质,他的责任心,该批评批评,该教育教育,该原谅原谅,该判刑判刑。对于罪大恶极、习惯性出轨的好色男,建议立马淘汰出局!

在本书的第二章中，我已经作过这样的比喻：女人是"脚"，男人是"鞋"。那么，如果"鞋子"确实伤害了"脚"，那你还穿着它干吗呢？打婚姻保卫战，诛灭第三者，这样的活儿，一辈子干个一次两次还行，如果你的男人风流成性，那就意味着你的第三者诛不尽，春风吹又生，你累不累啊？

那段时间晓风发现她家男人很不正常，常在他裤子兜里发现两张电影票、音乐会票什么的，接着还在他手机里发现个隐形号码，没有名字，只是一串电话号码，可是凭女人的直觉，这个频繁出现的号码可疑！应该是第三者的。

为了"诛三"，晓风可是费了不少心思，能用的招都使出来了。先是冒充卖化妆品的，来次"摸底运动"，用别人的手机给这个号码打电话，给第三者编了个调查问卷："您好！我是某化妆品销售部的代表，现在我们这里有价值419元的新品小样为部分女性提供，您如果感兴趣留下联系方式后，我们将在15个工作日之内为您寄出试用装。"爱贪小便宜的第三者连忙报上家庭住址。这时她把想问的都给她招呼上了。她的名字、电话、地址、工作单位、年龄、兴趣爱好，一下就都掌握了！

接下来开始搜集证据。电脑也是很好、很强大的搜集证据的物件，老公从来不清除上网记录，一天趁他去洗澡的空当，晓风以迅雷不及掩耳之势通过他电脑里的历史记录摸到"第三者"博客里。这下，全都对上了，前期调查取证工作结束。

下面开始"审讯"了，劈头盖脸的一句话最能看出效果，晓风单刀直入，老公当场雷得摇三摇，然后故做淡定地说："谁啊？"晓风继续愤懑委屈地使诈："别装了，她给我打电话了。"

老公心虚招供了，基本情况摸清了。老公又下跪又道歉的，信誓旦旦地说再也不和第三者联系了。本来晓风还要他当着面儿给第三者打电话表示绝交呢，但她觉得这样太不给他留面子了，所以没有为难他。

晓风以为"战斗"就此结束了呢，可她没想到，这只是万里长征的第一步。

有一次，老公喝醉了，吐得一塌糊涂，晓风接到他哥儿的电话把他从酒店接回来，在清理老公衣物上的污秽时，居然发现他又买了一个新手机！而且新手机的通话记录里全是第三者的号码！

第三者隔三差五都会给他发信息，贱老公凌晨两点多还偷着给第三者打电话，他一个11点就要昏睡的主儿，是什么精神支撑着他？想到这里真是心寒心酸心抽筋。

晓风摔了他的电话，这回老公发毒誓再也不"偷腥"了。于是，那段日子，晓风就在偷窥跟反偷窥中度过。

从那天之后，第三者消失了，晓风的世界清静了。可是她也知道自己该放手了，该脱"鞋"了，因为就在跟此第三者分手的时候，晓风在他QQ上看到给彼第三者的信息。她说："我能'诛三'，但是我真的没有力气一辈子'诛三'。"

时间应该浪费在美好的事情上，可是穿着一双不合脚的让你伤痕累累的"鞋"并不美好。为了维护和这个男人的关系，你明知道他在外面花花草草，还要想出108计来收他的心，或吵或闹，或举重若轻，还要时刻测量下自己下的药是否太猛，会不会害自己也人仰马翻。唉，咱又不是全民超人汉考克，扛不住啊。

最可怕的是，第三者像脚气，野火烧不尽，春风吹又生。你成功地诛一次，不可能成功诛一辈子。"诛三"充其量只能是个茶余饭后的娱乐，别把它当个事业，为它把自己的生活打乱。

所以，如果男人吃了秤砣铁了心，抱死第三者不放手，你就别和他一起抽风了，随你怎么无间都是没用的，你要认清形势，打不赢就要早撤。

当然，"诛三"只是权宜之计，婚姻的最终解决办法还是要开发和寻找自己的价值，活出自己的人生、自己的骄傲。寻找到自我价值，才可能笑着放下一段坏感情，才能活得更漂亮。拥有这样的生活态度，无论什么事也难不倒你了。

套句武侠片里很酷的话：放下无间，才能更好地无间。

我不介意你去了哪里，你回来了就好

我调查过很多出轨的男人，他们当中无论和老婆关系好还是不好，大多数"负心郎"对自己的老婆都有负疚感。因而此时若能向其施以爱心，将会引发出奇制胜的效果，从而帮助他最终摆脱婚外恋的吸引。这一招，可以定义为"用爱心感化对方"。

北方的某个县城，住着这样一对中年夫妻，妻子小秦是中学老师，丈夫小韩是电力公司的行政人员。

妻子善良本分，过着单纯得不能再单纯的生活，相夫教子，孝敬公婆，努力提高教学水平。而丈夫则有一颗不安分的心。想当年自己也是本县的文科高考状元呢，大学毕业时是被保送到北京读研的，结果他天生情种，为了自己当时的初恋女友硬是放弃了这样的机会，回到县里当了个小差。而回来不到一年，初恋女友因为家庭反对，和一个土大款结婚了。

小韩当时很受伤，经人介绍认识了小秦。小秦陪她走出了失恋的阴影，他觉得应该珍惜这个善良温柔的姑娘，两人就走到了一起。

但他一开始就知道，小秦不是容易令他心动的姑娘，但他还是决定要用一生来守护她。

转眼七年过去了，他们有一个活泼可爱的儿子，小秦在单位是好老师，在家里是好妻子，婆媳关系处理得也非常好。一家人生活在蜜罐里。

饱暖思淫欲，真是一点都不假。因为妻子太能干，小韩的空余时间越来越多，他开始在网上写东西，发表文章。慢慢地，他和山东的一个姑娘成了无话不谈的好朋友，一起参加笔会，互相分享文章。

后来小韩因公出差到山东，两人第一次见面，没有"见光死"，而是"见面狂"，两人都感觉"遇见对的人"。网友尽"地主"之谊，请小韩吃饭。作为回报，小韩请女孩去唱歌。情到深处，女孩唱了一曲《相见恨晚》，小韩直接听醉了。女孩把他送回宾馆，那一夜他们同床共枕。

人是对的，情是真的，自从山东之行后，小韩就像没魂一样。上网的时间越来越多，想方设法找各种借口出差，和女孩幽会。

小秦也感觉到了异样，朋友也都建议她"诛三"，但是她没有采取任何行动。

大家都说她傻，但小秦心里有数，她知道丈夫那样心软的人，是离不开这个家的，即便是自己不重要，还有儿子和婆婆呢，这两个人都是丈夫心中的至爱。相对于绵延的血亲，那个女人的分量毕竟是轻得多。

她相信丈夫总有一天会回来的。这就像丈夫迷恋网络游戏那阵子一样，那时候丈夫趴在电脑上两天两夜不下来，不吃不喝。那时候她管不了丈夫，于是也采取了放任自流的措施，熬了一个月，面黄肌瘦的丈夫就自动下来了，从网游回到现实。

现在，就当丈夫梦游去了吧。

她对丈夫的判断是正确的。在家庭、事业、情人三方之间来回周旋，这样的劳动强度让小韩疲惫不堪。

年前，他最后一次去山东，他并没有说原因，妻子也没有问。回来的时候，给小秦买了皮衣，给孩子买了好多玩具。

他回来那天晚上，小秦准备了丰盛的晚餐，开始学着浪漫，点上了香薰。老公问她："你为什么不问我去了哪里？"

小秦平静万分地说："我不想知道你去了哪里，反正现在，你回来了就好。"

丈夫紧紧地把她搂在怀里，从此，再也没有走神过。

同样是出轨，人和人不一样，原因和原因也不一样。对于出轨的男人，一个聪明的妻子不会不分青红皂白地一棍子打死，而会具体情况具体对待。

出轨成性的，建议你尽快让他淘汰出局。

偶尔一次失足的，可以留待观察。

当然，这要根据你自己的内心承受度来决定，如果你是眼里容不下一粒沙子的女人，秉性刚烈，强求自己原谅等于是自虐，也犯不着逞能。别管黑猫白猫一棍子打死算了，落个清净。

第十章

对于"顽固派老公",你得狡猾地说

如何引导婴儿型老公生活自理

早就听说过好女人是所学校,男人通过一个好女人走向世界,可是现实却是这样的:再好的学校里也总有几个调皮捣蛋屡教不改的坏学生。

我经常看到很多相当不错的女人为老公性格上的种种痼疾而黯然神伤,甚至不知道如何将就下去。

安红一直不明白为什么电影里边那些看起来生活美满的家庭主妇因为家庭琐事要自杀,直到她遭遇超级懒惰、生活完全不能自理型男人并和他结婚,她才彻底明白。

共同生活一年多了,老公除了上班、吃饭、睡觉,从来不知道还有家务活一说,穿过的衣服随手扔,用过的东西也随便放,以为勤洗澡就是讲究卫生了,却不知道衣服也要洗。天天跟在一个男人的屁股后面弄这些琐碎的事,而且很多都是随手能弄好的小事,怎么能不烦?更可气的是,安红不在的时候,他连饭都不吃,既不做饭,也懒得叫外卖,生活方式极其不健康,就像三岁的孩子。

安红很头疼。其实两个人感情很好,老公这人呢,本质也不错。可就是不懂得照顾自己,依赖性特别强。

就因为这个，安红迟迟不要孩子，本来这个大男孩就够她操心的了，再生个宝宝，这俩孩子她怎么能应付得过来呢？可是不要吧，眼瞅着都35岁了，再不要，生孩子的最佳时期就错过了，这可怎么办呢？

如何把老公改造成生活能自理的主儿，就是安红最重要的课题。她寻访百家、上网调查，最终为老公量身定制了这样的方案：

第一，哄

今天晚上不用开例会，安红下午早早地回了家，还颇有兴致地做了两道菜，酒足饭饱之后，她开始撒娇了："老公，今天我做饭了，该你洗碗了。"

老公不接受，也不拒绝，说："你放洗碗池里吧。"

安红："你把碗洗了，我明天做你最爱吃的小炒黄牛肉。"

"嗯，好的，宝贝。"老公痛快地答应了。

"婴儿老公"虽然气人，但童心未泯，他有时候很好哄，了解他的爱好，不停地拿"糖"哄他干家务，直到他养成干家务的习惯，你再撒手。

第二，吓唬

安红的老公虽然懒惰、不讲卫生，但是很节俭，最害怕浪费钱。安红就抓住他这一心理大做文章。恰好有个朋友生病住院了，安红就带领老公前去看望，当安红得知朋友是因为饮食不规律造成的胃溃疡，便想这是教育老公的好机会呀。回来的路上，她就满脸愁容地对老公说：朋友就是因为不注意饮食造成的，你别看他挣得多，这一进医院俩月工资就没了，他自己受罪，老婆跟着受累，父母跟着担心。如果你不注意身体健康，生病了，那也是劳民伤财又受罪呀，咱家买音响的钱要留出来看病，我要请假照顾你，你父母要从遥远的南方飞过来，万一再吓出个三长两短啥的……

"行了媳妇，别说了，我从明天开始好好吃饭，吃饭总比吃药强。药还得花钱买，又苦！"

看着老公龇牙咧嘴的调皮样子，安红高兴坏了。

第三，施加压力

安红知道，这个依赖成性的老公是不可能为她根本改变了，但是孩子可以呀，没有一个男人不爱自己的孩子的。于是她决定把未来的孩子抬出来收拾老公，经常对老公说：咱们身体好了，将来才能生一个健康的宝宝。你让我这么累，我身体不好，将来对孩子也有影响。所以为了我们能做合格父母，孕育健康宝宝，你要多爱惜自己，也要为我分担家务。

老公听了，虽然伸舌头挤眉弄眼，但毕竟还是乖乖地干活儿去了。

第四，依靠舆论的力量

"婴儿老公"还有一个突出的特点，就是自家人说的话不听，非常爱听别人的话。所以安红就想了这么一个办法：

周末，邀请了几个要好的朋友带着老公一起来家做客，弄了满当当一桌子菜，安红事后又洗碗又拖地的，"婴儿老公"动都不动就在那里抱着笔记本玩游戏，朋友的老公这时发话了："小红啊，你太辛苦了吧。来来来，我来收拾。"

这下老公坐不住了，赶忙抢过拖把去做，朋友现身说法："男人做家务不丢人，帮老婆分担家务才是好男人。"

看着俩大老爷们儿有说有笑地打扫卫生，姐妹们在里屋击掌庆贺。

小朋友的健康成长是需要家长的耐心的，老公的"健康成长"当然也需要老婆的耐心啦！无论你的老公有多"婴儿"，你一别生气，二别玩命，解决问题才是硬道理。天下没有解决不了的问题，只有没被发现的方法。嘻嘻，只要你动动脑筋，结束你的家庭主妇时代还是有希望的哦！

如何帮助恋母型老公解"结"

男人的恋母情结，对于妻子来讲是天灾！"明明我是他老婆，可他什么事情都听他妈的。""明明他妈做得不对，可他还是依着她。""只要有他妈在，我就得靠边站了。"这些话我们依稀都说过。

我还听过比这更严重的："我婆婆受不了我和老公住一起，只要我们住一起，她就装病，让她儿子陪床！""我和他离婚了，让他和他妈过一辈子去吧。"

都说女儿是父亲的前世情人，那儿子是母亲的什么呢？是"今世情人"。恋母情结是精神分析学的术语。精神分析学的创始人弗洛伊德认为儿童在性发展的对象选择时期，开始向外界寻求性对象。对于幼儿，这个对象首先是双亲，男孩以母亲为选择对象而女孩则常以父亲为选择对象。小孩作出如此的选择，一方面是由于自身的"性本能"，同时也是由于双亲的刺激加强了这种倾向，也即是由于母亲偏爱儿子和父亲偏爱女儿促成的。

"恋母情结"是男人身上都潜伏的东西，是一种客观的存在，只要它不影响家庭关系，完全可以忽略不计。可是像下面这种情况，妻子还真是难以消受。

兰女士就是丈夫恋母情结的受害者。只要她与婆婆意见发生分歧，老公一律认为他妈妈是对的。更让兰女士郁闷的是，家里那些小事本来可以自己决定，可老公却天天打电话问他妈妈"这事该怎么做，那事该怎么做"。这让兰女士非常痛苦，觉得这样的夫妻生活一点幸福感都没有。

像兰女士丈夫这种对母亲近乎病态的依恋，就是"恋母情结"泛滥了，已经严重伤害了夫妻感情。作为女人，我们就有必要加以干涉了。

通常比较过分的"恋母情结"有哪些特点呢？

1. 在母亲面前，他们有着像小孩子一样的乖顺；2. 也可能表现为对母亲权威感的敬畏；3. 或者是有自己的主意和想法，但为了讨得母亲的欢心和认可，他们会不自觉地压抑自己或表现为屈从；4. 总是感情"一边倒"地倾向于母亲，唯母命是从。

如果你的先生身上具有上述两个以上的特点，那就值得你注意了，出现这种状况，请不要急于抱怨。或许对待这样的先生，需要自己有点宽容和接纳的能力，有点训练"技巧"和耐心。你所做的一切不是改变先生，而是要让先生有所意识而后决定自己改变。

以下几条建议不妨试试：

1. 别吃醋，你才是"第三者"

男性与母亲永远都有说不清的依恋关系。他在她的身体里停泊了280个日日夜夜，靠着她的滋养成长；而当他离开了她的身体，他孜孜不倦地从她的乳汁里获得成长的能量，他依然贪恋着她的怀抱，她是他第一个依恋的对象，她是他人生的第一个启蒙导师。

当小男孩渐渐变成了成熟男性，意味着有正常的爱的需要、性的需要，他开始与母亲以外的女性建立亲密关系。很多人以为恋爱后对母亲的依赖会渐减，殊不知童年时对母亲的这种独特情愫早就潜入了看不见的意识深处，不经意间投射到了自己的爱人身上。

在婆婆、儿子、媳妇的三角关系中，媳妇才是外来的"抢食者"，是横刀夺爱的"第三者"。

2. 了解他的心理惯性，接纳他的生活方式

通常依赖母亲比较强的男人，在婚后更认同母亲的行为方式，因此希望妻子能够沿袭母亲的方式。在他的心中其实并不是不接纳妻子，而是因为人都有心理惯性，希望生活能按自己熟悉的方式继续，因为母亲的方式是他出生到结婚一直习惯的方式。所以如果他把你做事的方式和他母亲的方式比较的时候，你千万不要认为他更爱他的母亲，所以拒绝你的方式。他这样做是

因为他在这个过程中是获益的，他不需要有太多的改变。所以如果你觉得自己的方法并没有什么问题，你应该和丈夫沟通，告诉他你这样做的好处，而不要觉得丈夫站在婆婆一边，因此心中不满而指责丈夫。

3. 引导他，而不是说服他

恋母情结使一个男人容易依从母亲的意志，包括想法和态度，所以夫妻之间保持顺畅的沟通十分重要。在某些情况下，你可以提醒丈夫只是"参照"母亲的意见，鼓励其自己拿主意。注意，你的目的不是说服丈夫如何，而是帮助其学会选择自主的行为。

4. 改变需要时间

一个成年男子减少对母亲过多的感情依赖，实际上是一种成长，而成长是一个较长的过程，鼓励其成长需要妻子的耐心。

当然我们也应看到另一种情况，现实生活中，我们也不否认某些家庭的组成比较适合恋母型男人。假如妻子是一个能干的"内掌柜"，并且有着和婆婆相似的某些特点，那么婚姻就是完成两个女人之间的"交接"，丈夫有可能将依恋感情顺利地转移到妻子的身上。虽然没有经历成熟、成长的过程，但也能琴瑟相谐地过日子。

如何和脾气坏的老公沟通

随着年龄的增长，我越来越发现，家里有个好脾气的男人真的很重要。一家人生活在一起，如果一家之主是个坏脾气，全家心情都不会好，会出现鸡飞狗跳的混乱局面。

一位丈夫在单位里受了冤枉，憋着一肚子气回到了家中，和妻子因一件小事就闹了起来。面对丈夫的无名火，妻子莫名其妙。正好6岁的儿子跑回家，"你为什么才回家？！"妻子满腔怒火，抬手给了儿子一巴掌。儿子刚才还高高兴兴，让妈妈一巴掌打得不知如何是好，回头看见了小花猫正朝自己摇尾巴，他一脚踢在小猫的肚子上，踢得小猫嗷嗷直叫，那叫声分明是在抗议：我不是你最好的朋友吗？今天为什么平白无故踢我？

这个"城门失火，殃及池鱼"的场景，想必每个家庭都出现过。坏情绪是可以传染的啊。摊上个坏脾气的老公，他在外面生的气发的火转来转去，遭殃的不仅仅是老婆、孩子，连小花猫都跟着遭殃，真是不可思议。

谁都盼望自己的丈夫脾气好。假如不幸你的丈夫是个好发脾气的人，你要怎么办呢？事实上，与其烦恼、苦闷，还不如分析一下他脾气糟糕的原因，或许能帮助他改变这种性格。

脾气坏的人的情绪特点往往都是稳定性差，而且强度又很高。因此，碰到了一些不顺心的事，就爱发脾气。但是，人往往不会无缘无故地发脾气，发脾气也需要一定的条件，当条件满足时，他的情绪就会反常，因而大发脾气。

为何他喜欢发脾气呢？这和他的心理反应的控制水平很低有关系。有的男人从小就娇生惯养，在家里已经养成了喜欢发脾气的性格。有的长期处在逆境，受到了压制，没有地方倾诉，结果妻子就变成了发脾气的对象。

不过，还有个别的情况。比如，男人有"大男子主义"的思想，因此好发脾气变成了家常便饭。不管是什么情况，都和喜欢发脾气的人意志薄弱、修养低分不开。

既然男人控制水平很低，遇到事好发脾气，妻子的责任就是想办法让他提高控制水平，改掉喜欢发脾气的性格。

从治标方面来说，就是在男人要发脾气的时候，采取沉默、克制以及忍让的措施，先让他的脾气缓和下来。再给他细致地分析，向他讲明种种利害，使他不能反复发作。这也是我自己的经验。

我老公小时候被婆婆娇惯坏了，养成了没有耐性、想发脾气就发脾气的坏毛病。一开始我可没少吃他这苦头，工作不顺心了，同事阴险给他使坏了，客户不守信用了等等，反正在外面积累的这些糟心事，都要回家发泄出来。一开始我还还击，后来发现还击只会让他脾气更坏、更不讲理，惹得我更生气，我就变聪明了，每当他即将要发脾气的时候，下面这三句话是我必须要说的：

1. 你不幸遭遇的这些坏事情每个人都有，我也有。

2. 是我惹你的吗？我不是罪魁祸首。

3. 发脾气能解决问题吗？若能解决，那咱们什么也别做了，一起来发脾气得了呗。饭也别吃了。

不瞒你说，我这三句话灵着呢！连老公都说他爱死这三句话了。

当他脾气发过了以后，要及时启发他，使他懂得好发脾气是不好的。但是，对他如果一味地忍让，只会使他的脾气一发而不可收拾，如果没有事后的说理，也很难帮助他克服爱发脾气的性格。所以，当他的脾气发得没有理由的时候，就要严肃地向他指出来。当他发脾气的时候，你先忍让一下，事后你把话说得重一些，他或许能够听得进去。

更重要的就是治本，也就是提高他的控制水平。这要靠他本人的努力，不过作为妻子，在这方面也并非没有用武之地。

帮助他坚定对美好生活的追求。人生的道路是曲折的，在逆境中更要奋斗，关键就在于他的水平。当他真正懂得了这一点以后，他就不会为不高兴的事情发脾气了。

用乐观的情绪感染他。这样一来，你在生活中就不用再为他好发脾气而烦恼了。帮助他培养对外界事物的兴趣，同样有利于他遇到事情的时候乐观，不容易发火。帮助他克服喜欢发脾气的坏性格，这是你应该做的事情。不过归根结底，想克服它，还得靠他的主观努力。

如何让兴趣不同的老公合你口味

结婚以后,你常有种失落感。这主要表现在你的业余爱好、兴趣在一定意义上受到限制。比如婚前,你的性格开朗、爱好广泛,每逢节假日骑单车郊游,和朋友聚会,业余时间你喜欢读书、看电视、听歌、绣十字绣、网络聊天,你喜欢做些自己爱做的事。总之,业余生活很充实。可是你的老公性格内向,他喜欢独处,喜欢下围棋、打网游等。你渴望与他一起度过业余的时间,可大多都被他婉言回绝。他对你喜欢的事情不感兴趣,怎么办?

其实,对此你完全不必太在意,更不必感到苦恼。要知道,人们的生活环境、文化修养等都是不尽相同的,因此人们的性格、爱好也不同。现实生活中,很难找到一对性格、情趣、爱好都完全相同的情侣,夫妻间因此而关系破裂的也少见。这是因为:美满的婚姻是以双方真挚的感情为基础的。婚姻是否幸福,其主要标志是二者的心灵是否心心相印、息息相通,而非各自的兴趣、爱好完全一致。因而,过分强调夫妻间的兴趣、爱好相同,是没有道理的。

当然,共同的兴趣爱好或许会使爱情之花更芬芳艳丽,但是,没有这种共同点,也不会使爱情之花枯萎。它在爱情的长河中,只不过是一滴水,不足以左右爱情之舟的畅游。所以,假如爱人与自己兴趣、爱好不同,大可不必为此苦恼,应在可能的情况下,处理好这种关系。

首先,要懂得一个人的兴趣、爱好是由心理品质等诸多因素决定的。因此,不能要求对方马上改变自己的兴趣、爱好,更不能把自己的兴趣、爱好强加给对方,强加的结果只能是适得其反。因此,要在彼此平等的基础上尊重、适应对方的兴趣、爱好。长此以往,夫妻之间的兴趣、爱好很可能趋于平衡,而达到心理上的协调和相通。

其次，相互学习，培养广泛的兴趣爱好。一般说来，一个人的兴趣、爱好反映了一个人的素质，体现了一个人的情操、格调。所以，作为青年人应在很好地完成本职工作的基础上，多学一点东西，以此来填补自己阅历和知识方面的不足，丰富自己的人生。爱情虽然是以心心相印为基础的，但如果双方都有广泛的爱好和高雅的情趣，就会使爱情锦上添花。培养广泛的兴趣、爱好的最好办法是，在条件允许的情况下，多参加各种各样的活动，在活动中培养双方共同的兴趣、爱好。

总之，当你和爱人的兴趣、爱好不同时，不要为此焦虑，在顺其自然的同时，努力适应对方并增加自己的兴趣、爱好才是可取的。如果你撒娇任性，非要他参与到你的爱好中来，你不能厚着脸皮死磨硬缠，你得想个比较好的办法把他拉拢过来。

我家房子刚装修完的时候，我突然迷上了十字绣，想绣个婚礼的图案挂在卧室的床头墙上。对于我这个新爱好，老公不仅不喜欢还坚决反对，他说我这纯属闲得难受，浪费时间。

可我却满心欢喜，反正他说他的，我做我的。说了几天他也就不说了。

我坚持绣了一个多月，就在马上大功告成的时候，眼睛和脖子突然都很疼，估计是绣十字绣老是低着头保持一个姿势的原因，太敬业了，哈哈。我着急看到自己的"处女作"，就想找个"接班的"，动了使唤老公的贼心。

让一个大老爷们绣十字绣？真敢想，痴人说梦吧？

我一开始也认为自己脑子进水了，可是有枣没枣打三竿嘛，试试看呗。我又开始装模作样了。

老公正在沙发上看报纸，我拿着家伙什和图纸凑过去，用有求于他的眼神盯着他，然后可怜兮兮地说："老公，你的空间和几何概念比我强啊，帮我看看这几个针法怎么回事，我死活不会呢？"

老公："那当然啦，你小时候几何才考三十多分，我那可是考九十多分呢。"

我:"是啊,那这个你肯定能看懂喽,我就不行了,来,指导指导我这个笨学生吧。"

老公放下手中爱看的报纸,开始研究我的十字绣图纸,盯了几秒钟就开始给我讲解,我又装出非常着急但又听不懂的样子,央求:"你给我示范一下,锈两针,手把手地教我一下吧。"

我就这样把老公绕进去了,他绣了两针,还啧啧称赞:"还挺好玩呢。"

见时机成熟,我就开溜了,"我去下卫生间,你先帮我弄着,千万别放下,一放下就乱了。"

等我从卫生间磨叽半天出来的时候,那最后一朵小花老公已经绣得差不多了!

经过这件事我彻底明白了这样一个道理,只要咱脑袋里有主意,就会在生活中创造奇迹。哈哈。

如何启发闷葫芦老公变得嘴勤

一位妻子这样表达她对丈夫的不满:

我的丈夫确实不错,为人善良,一表人才,事业有成,烟酒少沾,人家都说我找到了一个称心的人。可我后悔,怎么打着灯笼找了这样一个人。他很内向,每天早上拿着报纸挡脸,中午回来吃饭,晚上就窝在书房喝茶、看书。生活中,总是我的嘴巴不停,可他难得插上一句。亲热时,他把我抱得紧紧的,可照样一言不发,我让他说点什么,他竟说:"叫我说什么呢？"有时候主动和他商量个事，也是像答记者问那样，一问一答。

我知道他很爱我，对孩子也很好，每天早上都是他做饭，有空也会接送孩子，可我就是受不了他话少。

寂寞的时候，我真羡慕吵架的夫妻，我也试着找碴儿激他吵架，他还是一声不响，就是不跟我吵。真倒霉，找这么根木头做老公。

对这位丈夫你如何评论呢？他并不是不爱自己的妻子，他什么都为你做，但他就是天生话少，不善于表达。这种男人，我称之为"闷葫芦"。

和"闷葫芦"男人谈恋爱的时候会很爽，因为他少言寡语，酷酷的、神秘的样子让女人着迷，就像一个幽深的密林，不知不觉就会深陷其中。感受他沉默的力量，欣赏他带给你的距离美，是一种享受。

可是和"闷葫芦"男人过日子就比较麻烦，尽管他责任心强，什么都为你做，可是你却永远不知道他想什么，他的喜怒哀乐从来不溢于言表，总是一张脸，尽管那张脸很帅气，可你找不到任何生动的表情。

"闷葫芦"男人容易让女人没有安全感，女人是最需要安全感的动物，而内向的男人很少打听别人的事情，也不会把自己透露给外界，包括他的妻子。他从来不说自己的心事，这样一来，就容易给女人造成看不透、吃不透的感觉，很陌生。对于陌生的东西我们总是心存畏惧，缺乏安全感。

另外，"闷葫芦"男人总是一副风平浪静的样子，看起来他们什么都能搞定，什么都不会把他们搞乱（即使乱了，他也不让人知道）。即使女人用语言激他，用疯狂的行为挑衅他，他也没有多大的反应。这时候，女人会觉得他不在乎自己。

总之，"闷葫芦"老公给人的距离感和陌生感会让妻子不敢靠近他，不知道怎么表达对他的爱，这从两性沟通和经营婚姻的角度来看，都是十分不利的。

如何与这个难缠的闷男人相处，不瞒您说，真是太考验人了。

1. 理解他"孤独的需要"

内向的男人通常感情深邃，对事物的观察也比较敏感、细心，喜欢用自己的行动而不是语言来体现个人的力量与价值。这种男人的内心是相当孤独的，他就像一匹孤独的狼，喜欢独处。有些男性将某种情境里的独处当成一种休息，甚至是一种享受，这在心理学上被称为"孤独的需要"。作为妻子，你应该理解并充分满足他的这种精神需要，尽量为他营造一个品味孤独、让他的心灵得到休息的空间，他会很爱很爱你的。

2. 呵护他敏感的心

内向的男人心细，情绪很敏感，虽然他总是闷闷的，但是生活中一丝一毫的细节变化都逃不过他们的眼睛。有的妻子没心没肺，嫌丈夫不说话。那好，你不说，我来说。见丈夫一回到家，不是甜甜蜜蜜地说几句宽慰的话，而是把准备了一天的牢骚连珠炮似的倒出来，使丈夫一进家门就进入灰色的情绪环境中。你的这些言行，敏感的他会很受伤，他觉得你对他不满意。而事实上你也知道，对这个家庭，他一直是舍得付出、舍得作出牺牲的。所以，你的老公越内向，你越是不能抱怨。

3. 在生活中运用游戏性谈话

任何人对他感兴趣的话题，都会表示好感报之一笑的，难道你没有发现，你的内向老公偶尔听到笑话或者看到电视上幽默的画面也会捧腹大笑。这说明他也需要感情交流，只是能让他开怀的趣事太少而已。如果在厮守时能开开玩笑，说说他感兴趣的趣闻逸事，是可以启发丈夫的谈话兴趣的。

4. 用沉默后发制人

任何家庭都是一种独特的角色搭配，勤快能干的妻子在更勤快能干的丈夫的"威慑"下会变得懒惰无能，这是丈夫培养出来的。同样，妻子整天喋喋不休、口沫飞溅，丈夫必然因为"相形见绌"而变得沉默少语。聪明的妻子不妨这样试试，在闲聊时，一改嘴巴不停的习惯，也学着沉默起来。丈夫对这种氛围的突变，会引起一连串的心理变化，会感到不安全，不知道妻子在想什么，甚至会担心有什么不测的事要发生。平时叽叽喳喳对丈夫是个听厌了的弱刺激，而突然的沉默却成了一个强刺激。这时丈夫当然会问长问短，甚至"没话找话讲"。在这种当口妻子对丈夫的短暂的多情和善于言谈的行为应多加鼓励。"你变得如此爱讲话，真让人想不到。"这简单的鼓励也可能成为开启爱人言语天赋的钥匙。当然在以后，你要尽量少唠叨，让他在讲话中多占上风，不然刚学会的"本领"可能会失去。

如何说服工作狂老公爱家爱生活

女人是一种很矛盾的动物，既现实又感性。

女人会魂牵梦萦地希望自己的老公能出人头地：当元首，当将军，当上市公司的董事长、总经理……却大多不愿意自己的老公是一位长期不回家、永远聊的都是工作、永远不懂得关心老婆和孩子、永远不会去旅游和休闲的工作狂。也就是说，女人既想让老公事业有成、出人头地；又想让老公有情趣，懂浪漫，会生活。不幸的是，实际情况是这种男人少之又少，简直就是极品。

你希望老公给你和孩子一些时间，去看场电影、种点花草……然而，老公总是很忙，工作似乎永远做不完，客户也是没完没了地见，以及没完没了的会议和电话。当你有所不满试图抱怨一下老公时，老公的一句"我还不是为了这个家""我还不是为了你和孩子"便将你的嘴巴堵得严严的。是啊，老公说得没错，他那么辛苦还不是为了我们。我为什么还要抱怨呢？短暂的自我安慰还是掩盖不了内心深处涌上来的疑惑和不满：难道这就是我想要的生活吗？除了物质上的富足，生活中就没有别的需求吗？

仔细说来，佳佳和大多数女人还是有些不一样的。她有见识，有远见。她当时和老公结婚，正是看中了他的上进心，觉得他日后肯定是一匹"黑马"，会给她富足的生活。她知道以后老公会为了工作让生活失去不少乐趣，但她相信为了老公的事业，自己什么都可以忍受。然而现在，佳佳却越来越烦了，她感受不到身为女人的幸福，也感受不到丰厚的物质带来的生活享受。

婚后，老公一直是忙碌的，连偶尔在一起吃个饭也是匆匆忙忙。他经常加班加点，包揽别人不愿意干的活。他还要参加各种不同的考试，所以周末的时候，他几乎全部时间都在图书馆泡着。佳佳本身也是一个有上进心的人，刚开始对于老公的忙碌没有怨言。

佳佳曾经对事业也是踌躇满志的，但是有了孩子之后，老公无暇顾及家庭，佳佳不得不换了一个相对闲散的工作来照顾孩子……而老公的职业道路却是越走越广阔，逐渐在本行业小有名气。他几乎每年都在加薪，也比原来忙了好几倍。只是，他似乎一点儿也不感觉累，很享受那些忙碌，他压根就是一个彻彻底底的工作狂。每天回到家里，很少说话，从来不看电视，儿子提出要他陪着出去玩，去踢足球或者游泳，他都没时间。偶尔，好不容易陪儿子去游乐场了，他会一边排队一边打瞌睡。

是的，这些年来，经过老公的努力，佳佳的小家庭越过越富足。然而，老公却是没工夫也没心情来享受的。

佳佳越来越烦恼，觉得这段婚姻越来越无趣。她觉得很多东西不是钱就能打发的。比方，妻子需要的体贴和关心，儿子需要的来自父亲的关爱……

佳佳慢慢忍受不了，就会发一些抱怨，老公立刻暴跳如雷："你什么时候开始变得这么浅薄？我没空陪你，又不是像那些垃圾男人一样在外面胡闹。你老公是在工作，为这个家、为儿子的将来挣钱。"佳佳哑口无言。

佳佳也越来越敏感，当她看到别人一家人在悠闲地逛马路的时候，觉得他们真幸福。而自己和孩子从来没有这种时光，不觉悲从中来：如果一个男人上进到完全忽略了家庭的幸福，那么，这样的婚姻、这样的家庭的意义在哪里？她真的想放弃了。

也许，大多数男人和女人对爱情、对婚姻的看法都不一样。在女人的心目中，"执子之手，与子偕老"是婚姻的"最高境界"。男人却信奉"好男人志在四方"，相信"两情若是久长时，又岂在朝朝暮暮"，男人和女人对家庭、对婚姻的不同看法，是导致很多家庭问题产生的直接原因。

男人爱事业自然没错儿，只是，当你的男人把忽略你变成一种习惯；当你越来越觉得莫名委屈；当你开始吃工作的醋、争时间的风、变得有些无理取闹时，你觉得有了爱人却没有爱情。这个时候，你该冷静地思考一下为什么会出现这样的问题，该如何让他意识到多花点时间给生活本身的重要性。

1. 告诉他，工作不是生活的全部

一定要不失时机地给他灌输这样的思想：工作不是生活的全部，只是生活的一部分。

工作是为了更好地生活，可他如此疯狂地工作，把工作当作全部的生活，这样一来他的工作就失去了意义。他不是口口声声说"都是为了这个家"嘛，那好，你就告诉他，他这样忽略你们，你和孩子已经有种被遗弃的感觉了，孩子甚至不认他这个爹了，如果他还在乎，那就让他陪你们散散步吧。

2. 从照顾他的身体入手

当然，试图改变老公对生活、对工作的看法，以及生活方式和观念，会是一件很痛苦也很漫长的事情。也用不着悲观，只要他还爱你，还爱这个家。爱是根基，有了爱，生活就没有跨不过去的坎儿。你试着委婉地从照顾

他的身体着手，为他安排作息。像他这样辛劳，身体总会暴露出一些隐患，你可以借这个机会来唤回他对生活的感受。

另外，在改变男人的同时也别忘了改造自己，除了把家务打理得井井有条、把小孩抚养得健健康康、把家庭经营得有声有色之外，一定要挤出一点儿时间给自己安排一个天地。可以找一些志同道合的朋友，可以捡拾起已经放弃多年的爱好，自己找到生活的乐趣。

第十一章

孩子的问题上,你得客观地说

每个女人生命中都有两个难缠的"孩子"

每个女人的生命中都有两个难缠的孩子,一个是孩子,另一个是老公。他们让你喜让你忧,让你幸福让你悲愁。毫无疑问,我们都曾经遭遇过被他们气得抓狂的时刻。要想享受婚姻的"红酒",你必须处理好和这两个孩子的关系,以及学会调节这两个孩子之间的矛盾。

先来说说老公这个大孩子吧。

"结婚实际上就是一位老女人把她的儿子交给一个小女人去管理的一件事。"这听上去确实令人对婚姻的现实性感到无味,但现实可能确实如此。生活中你的男人是不是会像孩子那样,冷不防地朝你撒个娇、使回小性子,让你猝不及防地被他的异常表现"命中",自己在不知所措中慌乱或烦躁,甚至可能脊背发寒。其实,这都是女人过度紧张的表现,全然是由于自己不了解男人的这一"怪癖"。而事实上,如果你能好好地用心体会男人的这种"异常反应",你将能够把握住这个"调情"时刻,从而令他爱你至极。

1. 撒娇是"大男孩"解压的方式

我想大多数男人还是会选择温柔贤惠的妻子,作为他们事业上的坚强后盾和生活中的温柔港湾。傍晚,当你的丈夫完成了一天的工作,撕下白天正正经经的面具，躺在床上，他会像个超级宝宝那样，向你撒撒娇、耍耍赖，这个时候，你可千万别把他当作"讨人嫌的麻烦孩子"，很反感地把他推向一边。其实，男人施展孩子气的状态便是他最想放松自己的状态。如果你对他稍有不屑，他便会感到很受冷落。

　　由于男人在平日里工作压力太大，他们希望能以一种简单的方式让高速运转的生活放慢脚步，变得无比轻松甚至无忧无虑。所以他们潜意识里是渴望爱人能够关心自己的，他们希望寻找到一种强烈的归属感，甚至是那种回复到童年时代的自然状态。所以，你会发现，男人比女人更迷恋游戏，有时候可以对着娱乐节目狂笑，甚至会把周五的一整晚消磨在无聊的"烂片"里。

　　面对男人的这种解压方式，相信有不少女人几多苦恼几多愁过。但是如果你理解他，就别再火上浇油了，别在他施展孩子本性的时候对他说："别理我，烦着呢！"甚至是"你能不能别这么无聊，你是男人，能不能打起精神来"。天哪，要知道，这个时候的斥责对他来说可是一种加倍的伤害，他不希望你觉得他的孩子气是软弱，他也不会认为自己撒娇就是无能，他不过是想放松一下。星期一的早晨，他还是会雷厉风行地开始他的紧张工作。所以，这个时候，爱他的女人应该珍惜这个机会，尝试着去抚慰他的心灵，帮他缓解压力，甚至陪他玩一会儿，让你们一起回到童年，聊聊天、打打游戏。事实上，在你帮他放松的同时，自己也得到了有效的解压。

　　2. 特别提醒：孩子气不可娇惯纵容

　　"大男孩"一旦尝到撒娇的甜头，个别不自觉的会变本加厉，甚至变成操纵女人的按钮。美女露露就不小心当了老公的小"按钮"。

　　"我一直很宠我的男友，对他做的一切事情我总是娇惯纵容，即使为他付出一切我都毫无怨言，可是，他对我好像没那么包容。"

　　"他对我撒娇让我无计可施，但渐渐地，我却发现他目中无人，甚至因为一点小事就会斤斤计较，变得越来越自私。"

　　小心，当一个男人把自己的孩子气当作致命武器来对待你的时候，你千万不能姑息,否则会让你陷入被动,甚至会将你逐步推向爱的底线。像露露这种情况就是。记住,要你了解男人的孩子气,就是要你明白,在这个时候,你要用理性的心态给予他感性的情感,而不是用感性的付出冲垮理性的原则。纵容永远是不可取的,过分的迁就也永远不是真正的关爱。

两个"孩子"之间会争风吃醋

前几日接到一好久不见的闺密电话,多年不见自然是逮着彼此的生活互问一番。"小日子过得不错吧?"我不知深浅地问了一句。谁知道电话那头竟然传来一声叹息,昔日的乐天派怎么了,我正纳闷,答案就来了:"别提了,光这俩孩子就填满我的全部生活了,没有自我了。"

可是我明明记得她只生育过一次且不是双胞胎,何来两个孩子呢?我越发不理解了,"莫非计划生育没在你们那里普及?"

"老公就是个大孩子,天天和儿子打。"

哦,还是我说的一大一小、一真一假的两个"孩子"!她的两个"孩子"在掐架,她很烦恼。

两个"孩子"为了争宠而相互掐架,这样的事情并不新鲜,尤其是在"80后""90后"的年轻父亲和儿子中间,发生的频率更高。"80后""90后"大多是独生子女,缺乏当爸爸的心理准备,自己还是大男孩。当家人把关注重心转移到孩子身上,他们会产生一定的心理落差,自感被忽视了,产生心理问题。

今年二月,27岁的农先生初为人父,见妻子和父母整天围着儿子转,农先生自感被忽略,竟然患上了"产后抑郁症"。情绪低落,吃孩子的

"醋"。

话说有一天晚上,农先生下班回家,进门见妻子在沙发上逗不到1岁的儿子玩。妻子不再像以前那样又是帮他换衣服,又是帮他放包又是递拖鞋了,巨大的心理落差让他很不舒服。"你怎么又没做饭?"农先生问。"没看到我在照顾儿子啊,你自己做嘛,顺便把幺儿的衣服洗了。"妻子的回答让农先生郁闷极了。

妻子以前对他百依百顺,回家后总有现成的饭菜等着。儿子出生后,妻子将注意力转移到儿子身上,对他不闻不问。连疼爱他的父母来家里玩,眼里也只有孙子,好像他不存在似的。

"儿子出生我很高兴,可老婆、父母的变化让我不舒服。有时看见他们围着儿子有说有笑,我甚至想:是不是不该要儿子?"

最近,农先生因和儿子"争风吃醋",几次冲妻子发火,双方闹得很不愉快。

每当此时,妻子总是很委屈地抱怨:"我容易吗?又带孩子又做饭的,你干吗呢?你没有义务吗?"这种话是农先生不爱听的,后来他就干脆不说话了,一个人生闷气,闷得撑不住的时候他就找心理医生求助去了。

大部分爸爸在孩子出生后都会遭受某种情感上的失落,但由此发展到心理问题的还是少数,这和个人的心理、性格有关。心理专家建议年轻的父亲们在结婚和生育前接受相关培训,对未来生活增加了解,增强心理承受能力。同时,要与妻子多沟通,有效预防"产后抑郁"。作为妻子的你应该做到的是:

1. 把属于老公的给老公。大多数女人在生育后,往往把孩子当成自己的全世界,把老公扔到一边,先前老公从你这里享受的一切待遇都因为"小孩子"的到来不见了,换谁谁不失落呀。你宠了人家那么多年,突然不要人家了,能没有落差吗?所以建议女性在有了"小孩子"后要注意自己的行为,不能给"大孩子"突然"断奶"。

2. 和他多沟通，并且让他明白对孩子的感情和对他的感情是不一样的。你永远是需要他来呵护关爱的，而孩子现在是正需要你们一起去关爱呵护的时候。等孩子大些了，你们可以继续过回之前的浪漫生活。千万不要像农先生的妻子那样尽给老公说不中听的话，让他心里发堵。

3. 多让老公参与，一起玩。既然你们现在是个三口之家了，那就不要孤立老公，什么事情要三个人一起分享、一起参与，这样"大孩子"就不会有种受挤对的心理阴影了。

阿霞就是个很聪明的女人，她的老公在香港工作，她在深圳。老公每个周末都争取回来看她和儿子，有时候因为工作忙也会好几个星期不回来。尽管如此，他们的三口之家依然很幸福，原因就在于她很会维护自己的家庭关系。生了宝宝以后，她和很多女人一样，把大部分的精力都给了孩子，还开通了博客，写下孩子成长的记录。可是每次老公回来，趁孩子睡着的时候，她都和老公一起坐在电脑旁边，写下孩子给他们的生活带来的点点滴滴。她的老公丝毫没有被冷落感，反而觉得原来的二人世界更精彩了。阿霞的做法非常值得姐妹们效仿哦。

不要在孩子面前说"爸爸不好"

有的女人对孩子有种自私的心理，希望孩子听自己一个人的话，是自己一个人的小棉袄，是自己一个人的保护伞，将来万一跟老公或者婆家有矛盾的时候，企图孩子能站到自己的立场上，给自己撑腰。你对孩子说过这样的话吗？

"爸爸不疼我们，爸爸是个坏爸爸，爸爸只疼你奶奶，对我们不好。"

"你小时候，你爸没抱过你几下，全是我一手把你带大的。"

如果你说过类似的话，那你就是个感情自私的母亲。

在您的教导下，如你所愿，孩子果真对你比对他爸好，待你比待他爸亲，和爸爸产生疏离感，当了你一个人的"小棉袄"。你很得意很有成就感，对吧？告诉你，不要得意得太早，这实际上是你在给自己挖坟墓，后果很严重的。

丽君的老公是软件工程师，编程的工作很辛苦，每天对着电脑的时间比对着她和儿子的时间多多了。作为年轻妈妈，丽君也很失落，娘家妈身体不好，婆婆又离得远，不能过来照看，虽然请了保姆，但还是不放心，带孩子的任务主要由她自己承担。

孩子一岁多的时候，每次看到老公对着电脑工作，对她们母子熟视无睹的样子，她都很窝火。当然她也知道，老公如此努力工作挣钱也是为家庭着想，为了给她和儿子更好的生活。可无论她怎么想，怨气还是在心中盘旋，她经常抱着宝宝，嘴里喃喃自语："你爸爸不理我们哦，真讨厌。"她并没有意识到会有什么不好，虽然小时候，只要有她在，儿子绝对不让爸爸抱，她觉得孩子和母亲亲是自然现象。

每次老公疲惫地回到家中，要亲儿子一个，她都在一旁使坏，不耐烦地说："去去去，你忙你的，别拿胡子扎我们。"后来儿子果真不亲爸爸，除非他能说出一个让儿子非常心动的条件。

两岁多的时候，老公在工作，她抱着儿子在旁边看，儿子要玩游戏，老公不让，她会添油加醋地说："爸爸是自私鬼。爸爸不疼宝宝。"

直到有一天，遭遇到这样的事情，丽君才意识到事情的严重性。

周末，宝宝在他的垫子区域坐着看电视，老公在看宝宝，丽君走过去，看看他们爷儿俩，然后笑嘻嘻地用双手把老公的脖子勾着。宝宝没有理会，然后她用力地亲了老公一下，结果，宝宝从垫子上爬起来，气呼呼地把丽君的双手掰开了。

还有一次，丽君跟老公闹着玩，她假装往老公身上一蹦，就像以前一样，她一蹦老公就能把她抱住，这次老公抱了个空。丽君接下来又蹦了一次，这次老公又以为她是假装的，没来得及接住，丽君的半条腿摔下来了，屁股也摔疼了。宝宝不干了，拿着自己吃饭的小碗就往爸爸脸上砸。

老公伤心地说："这是我的儿子吗？"

丽君也很受触动，她想到孩子对爸爸由一开始的不亲近到排斥，再到现在的敌视，都是她一手培养的。意识到自己的错误，她再也不敢对儿子说爸爸不好的话了。

当然，还有很多妈妈意识不到这种后果，当看到儿子和自己亲近时，会有一种优越感，有的还沾沾自喜地炫耀：我的宝贝真是没白疼，关键时刻他总是会站出来为我撑腰！

所以，不要当着儿子的面说爸爸不好，这样弄得老公伤心，孩子也不省心，对孩子的心理健康很不利。原因如下：

1. 只有在父爱和母爱共同的浇灌下，孩子才能健康成长，爸爸参与育儿所产生的效应是妈妈不可替代的，对孩子的大脑发育和身心健康是至关重要与不可或缺的。更何况，最新的研究结果证明，父亲带大的孩子更聪明！

2. 正常的家庭结构类似一个等边三角形。父母是底边上的两个角，关系应该是家庭中最紧密的，他们应该和孩子形成同等的距离。而一旦父母意见无法形成统一，就会逼迫孩子在父母之间"选边"，如此非常不利于他们的健康成长。

别因为育儿方式的差异分道扬镳

可能有些父母会说，孩子教育那是家务事，夫妻意见不合关起门来争执一番也就解决了，完全上升不到分道扬镳的"高度"，更不太可能由此引发家庭内部矛盾。可是，只要在网上查询一下，便会吃惊地发现无数条关于父母在教育问题上意见相左，最终引发悲剧的案例。

近日，某法院受理了一起离婚案，双方当事人是一对从海外求学归来的博士夫妻，缘由是丈夫认为离婚对孩子的成长更好。经过耐心询问，法官弄清了事情的原委。

丈夫田先生，今年34岁，父母都是高级知识分子。出身于书香门第的他，秉承家学渊源，从小也是用功苦读，顺利考取了清华大学。2001年，他在北京读研时，经人介绍认识了当地女孩小雪。两人相识相知，随后又一起到美国攻读博士。他和小雪之间的感情迅速升温，最终携手迈进婚姻的殿堂。2006年年初，夫妻俩在美国工作期间，生了一个可爱的女儿。

2008年，田先生辞去了美国的工作，带着小雪和女儿一起返回宜昌。看到儿子学成归来，还带回了贤淑的儿媳和漂亮的孙女，田先生的父母异常高兴。随后，田先生将妻女托付给自己的父母，自己则到香港创业。去年夏天，就在田先生憧憬着事业有成、家庭美满幸福的时候，他突然接到父母的电话，说小雪在带孩子时极不负责，每天任由孩子睡懒觉，甚至不能保证让4岁孩子按时上幼儿园。听到这一情况后，田先生马上丢下了手头的工作，赶回宜昌。

原来小雪对夫家制订的孩子成长计划并不感兴趣，她更愿意采用西方的开放式教育模式，尊重孩子的兴趣选择，给孩子一个快乐童年。虽然田先生及其父母多次就此问题和小雪进行商议，但小雪依旧我行我素，夫妻间的矛盾由此产生。今年年初，在几经劝说无效的情况下，田先生选择了到法院起诉离婚。

从上述事例不难看出，子女教育虽是父母两人的事，但如果处理不当或者双方的言辞或行为都比较过激，就可能引发难以想象的结果。所以，子女教育是一门大的系统工程，需要夫妻双方的协同合作。如果处理不好夫妻之间在育儿方式上的矛盾，不仅教育不好孩子，还有可能把家也拆散了。

其实夫妻在孩子教育上产生分歧，是一个普遍存在的正常现象。夫妻双方因家庭背景、教育背景及后天对事物认识上的差异，在子女的教育观上不可能完全相同。但无论观点与想法怎样不同，双方的出发点都是好的，就是希望自己的孩子能受到最好的教育，不输在起跑线上。问题出在具体教育细节的处理上，往往产生分歧和争议，于是常常会听到这样的声音："我们都为孩子好，可就是想不到一块儿。"没错！正因为出发点都是为了孩子，所以才更应该相互理解、磨合、统一认识，如此自然就能"和"到一起了。

如何处理好在育儿方式上夫妻之间的差异呢？

1. 加强沟通，达成共识

夫妻双方要经常交流孩子的成长情况，如在校表现、学习、纪律、品行等等，全面客观地分析孩子目前的受教育情况，无论什么问题都要取得一致意见后再与孩子进行沟通。

夫妻双方可以一方与孩子交流为主，另一方以倾听为好，这样可避免矛盾的产生。这一点最好成为双方教育子女共同遵守的约定。

2. 别在孩子面前恶语相向

需要注意的是，当你们的意见相左各有各的说法时，最忌讳当着孩子的面一争高下，有的甚至风度全无，双方相互埋怨、指责、争吵，认为道理全在自己这边,说得句句在理,把孩子拉到身边:"别听爸爸的,听我的……""要不是因为你,孩子肯定更有出息……"诸如此类。当一方让孩子这样做的时候,而另一方却让孩子那样做,在孩子的判断力尚未真正形成的时候,会使孩子左右为难。而还有些孩子就乘此机会寻找利于自己的"保护伞",会对娇纵自己的那种教育方法感兴趣,而本能地排斥另一方的教育方法,从而激化父母间的矛盾,成为家庭的不稳定因素之一。

3. 必要时可以进行分工

面对孩子的问题,你和丈夫之间可以把彼此的责任进行区分。不要为了让孩子几点上床睡觉、吃饭、洗澡等小问题,打破你们夫妻间的和谐气氛。大家在教育孩子方面职责明确、分工合作,这样才不至于自乱阵脚,在孩子面前出了丑。

俗话说,教儿教女先教己。要把儿女教好,首先要提升自己。自己先学好,这样才能够做好言传身教的工作。

千万不要说:他和你家的人一样

在家庭关系中,女性似乎总是扮演着"爱抱怨"的角色,抱怨老公、抱怨孩子。有时候还会一箭双雕,最典型的话就是:你和你爸家的人一样。

王女士是个幸福的全职太太,名校毕业,丈夫学历不高,但蛮能挣钱的,人也不错。他们是典型的老夫少妻型搭配,反正丈夫对自己宠爱有加,所以她说话极其不注意。但因为一句话,她说自己被老公打入"冷宫"了。

前年，王女士生了个儿子，丈夫老来得子，自然宝贝有加。那天，他们一家三口去逛公园，路过一个很好的小学，丈夫幸福地说：将来我儿子要在这里读书。

王女士随口一说：你家兄妹几个没有一个学习好的，咱孩子能行吗？

丈夫一听，脸马上"寒"下来了，对她一点儿也没客气：你学历高不也是靠我养着吗？

结婚这么长时间，这是他们第一次吵架！王女士后悔极了，随口而出的一句话，却用了半年的时间来修复和老公的关系。

这样的话不仅老公不爱听，孩子也不爱听，可以说，对这两个"孩子"，这样的说法有百害而无一利。

如果你指望用这句话来激励孩子，那你想错了，不会激励，只会激怒，让他自暴自弃。其实，作为父母，我们都是爱孩子的，有时甚至于超过爱自己的生命。因此我们要记住：在孩子有形的生命之内，孕育着丰富的复杂的无形生命，这里有自尊、自爱、自强、自信，也有自卑、自轻，这是个很容易受伤的世界。无形生命好比房子的支柱，一旦被破坏了，就意味着整个人的毁灭。当一个孩子长期受到赞赏、鼓励时，他会变得自信、坚强；相反，当一个孩子长期经受批评、被人看不起时，孩子的内心世界便会弥漫着一种深深的自卑，这种自卑会吞噬一个人所有的自信与努力。

对老公的家人，这样的说法是公然侮辱，但凡有点自尊的男人，都不会允许你这一点。假使这话传到你婆婆的耳朵里，那你在这个家里可怎么待呢？这个问题的危害性在前面的章节已经说过多次了。

所以我忠告所有的姐妹，这种一打击就是一大片的傻话，一辈子一次都不要说。你最好多向孩子炫耀婆家人的优点，每个人身上都有闪光点，你要找出家人的优点，让孩子学习。这样一方面增强了孩子的自信，让孩子引以为傲，同时，也激励了丈夫的上进心和婆家对你们的爱心。

不要"红了樱桃,黄了芭蕉"

李先生是济南一家建筑设计院的设计师,当初找对象的时候,他的首要条件就是找个本地姑娘。他的出发点认为找个本地的,将来有了孩子,丈母娘可以给照看着,不影响他的工作。其实这一出发点虽然有点现实,但也并无不妥,因为人都是利己动物。

李先生终于如愿以偿,经人介绍认识了小邵,也就是他现在的妻子。

妻子的家庭条件非常好,妈妈刚退休,爸爸也退居二线,基本上赋闲在家,妻子是独生女,这样结婚后看孩子、吃饭都不成问题,多省心啊。李先生心里乐开了花。

婚后的生活确实很甜蜜,小两口不用做饭,整天回丈母娘家蹭饭,这样李先生有大把的时间可以放在工作上,晋升得非常快,可以说是平步青云。

一年后女儿出生了,两位老人非常开心,为女儿、女婿考虑,就要他们回来住。妻子当然乐意啦,自己娘家嘛,可以撒娇,再说对于极度缺乏带孩子经验的她来说,这是再好不过的选择了。可李先生就没这么自在了,到底是丈母娘家嘛,不如自己家随便。李先生住了不到两个星期,就说服妻子搬回自己家住了,可小邵非常挂念女儿,总是有事没事往娘家跑,一个星期有两天在家住就不错了,尤其是女儿生病的时候,连家都不回。

李先生大部分时间一个人独居在家,心里不是滋味。但是他也说服不了妻子,只好各人按照各人舒服的来:妻子长期"驻扎"在娘家,李先生坚守在自己家,中午在单位吃,晚饭请了个小时工,和单身的时候差不多,就是周末的时候抽时间去看女儿。

那时候李先生的工作已经不那么忙碌了，有了自己的秘书，他有大把的空闲时间。他无意中认识了一位叫小白的外地网友，聊得非常开心。有了网友的陪伴，慢慢地他发现妻子不在的时候不再那么无聊、孤单，甚至原本乏味的生活精彩了起来，相比于妻子的内向、理性、死板，网友小白则活泼、灵动。慢慢地，他不再那么依赖妻子了，而是把所有的空闲时间都留给和小白聊天、打电话。

要说人家小白呢，也并非志在当第三者的坏女孩。李先生告诉人家自己是单身，小白一开始不信，但后来信了，因为一个已婚男人是不可能有这么多的自由时间的。无论白天、夜晚，无论工作日还是休息日，这个男人总是旁若无人地和她说着柔情蜜语。

其实李先生一开始的时候也没有打算和网友深交，他只是想找个朋友说说话而已，他也没料到事情的发展完全不受自己控制。

当这一切发生的时候，妻子全心全意地在娘家带孩子，丝毫没有在乎过老公的感受。她觉得出轨是别人家的事，和她的婚姻绝缘。显然，她错了。

这样的日子竟然维持了三年，等到女儿开始上幼儿园的时候，小邵回家的时间才多了些，无意间发现了老公的短信，跟老公大吵大闹。

她觉得自己亏大了，可是老公似乎比她还有理。

小邵："你这个陈世美，升官发财了，孩子我给你生了，你却不要我了。"

李先生："咱俩谁不要谁？是你先不要我的。"

小邵："我哪里不要你了，你是我唯一的男人，我连个异性朋友都没有。"

李先生："你要我什么了？你在你妈那儿一住就是好几年，你和我精神上沟通过还是生活上照顾我了？"

后来，李先生还是遏制了自己的感情，维系了婚姻，他对小白说明了自己的情况。小白很受伤，说他是个骗子。李先生也非常痛苦，毕竟他对小白的感情是真的,出了轨的心已经回不去了。尽管小白不能原谅他,但这丝毫不能阻止他的思念。

而丈夫心已不在的日子,作为妻子的小邵又怎么能够幸福呢?

很多女人在有了孩子后,把男人扔在脑后,全心全意带孩子。可是当她们安心地在娘家、婆家、自己家为孩子辛苦为孩子忙的时候,却完全忽略了另一个"孩子"的感受。

所以,奉劝每一位准妈妈或者妈妈,一定要合理分配自己的感情,把属于老公的给老公,把属于孩子的给孩子。千万不要顾此失彼,到时候哭都没人可怜你呀。